西电科技专著系列丛书

智慧校园"一网通办"

刘怀亮　张玉振　赵舰波　编著

西安电子科技大学出版社

内 容 简 介

本书以推进智慧校园建设为目标,结合高校"一网通办"实施案例,构建智慧校园"一网通办"的理论与应用体系,促进高校信息化校园模式变革和服务创新。

全书共 6 章,详细介绍了智慧校园"一网通办"的建设背景、痛点解析和关键技术,按照"数据治理、业务梳理、标签整合、智能融合、一网通办"的建设步骤,重点描述了各个步骤建设中所面临的共性问题,关键技术、算法和模型分析与设计,结合实例的建设过程与建设效果,对智慧校园"一网通办"建设的核心内容和建设成效进行了总结。

本书可作为高校计算机、管理科学与工程、软件工程等专业高年级本科生或研究生从事相关研究的入门书籍,也可为负责高校信息化建设的领导以及相关研发人员提供阅读参考。

图书在版编目(CIP)数据

智慧校园"一网通办" / 刘怀亮,张玉振,赵舰波编著. —西安:西安电子科技大学出版社,2021.8

ISBN 978-7-5606-6095-0

Ⅰ. ①智…　Ⅱ. ①刘…　②张…　③赵…　Ⅲ. ①智能技术—应用—高等学校—学校管理—研究　Ⅳ. ①G647-39

中国版本图书馆 CIP 数据核字(2021)第 100413 号

策划编辑　刘百川

责任编辑　陈 瑶　孟秋黎

出版发行　西安电子科技大学出版社(西安市太白南路 2 号)

电　　话　(029)88202421　88201467　　　邮　编　710071

网　　址　www.xduph.com　　　　　　电子邮箱　xdupfxb001@163.com

经　　销　新华书店

印刷单位　陕西天意印务有限责任公司

版　　次　2021 年 8 月第 1 版　　2021 年 8 月第 1 次印刷

开　　本　787 毫米 × 960 毫米　1/16　印　张　14.5

字　　数　207 千字

印　　数　1~1000 册

定　　价　40.00 元

ISBN 978-7-5606-6095-0 / G

XDUP　6397001-1

如有印装问题可调换

前　言

智慧校园"一网通办"为高校师生提供集业务办理、数据展示、交互咨询、效能监督为一体的网上服务平台，通过线上统一入口，以校园用户为中心，打通业务壁垒，消除数据孤岛，以服务事项为导向，为用户提供一站式、个性化、智能化的网上办事体验。

本书结合人工智能的思想，运用云计算、物联网、大数据等关键技术，对智慧校园"一网通办"的建设过程进行了理论分析与实践总结，可为高校智慧校园建设提供应用参考。书中部分系统效果图旁嵌入了二维码，读者可扫码查看完整的系统效果图。

全书共 6 章，主要内容如下：

第一章为智慧校园"一网通办"概述，描述智慧校园"一网通办"的建设背景，分析智慧校园建设的痛点和意义，提出智慧校园"一网通办"的建设思路，并详述其应用的关键技术。

第二章为智慧校园数据治理，指出智慧校园数据治理过程存在的共性问题，运用 ETL、MPP 数据库和元数据等关键技术，详细描述数据标准建设、全维度数据采集、全量数据清洗、数据集市建设和数据应用对接的实施过程，并根据成果转化实例总结数据治理效果。

第三章为智慧校园业务梳理，指出智慧校园业务梳理过程存在的共性问题，运用 SIPOC 核心流程识别法、基于 BPR 的 ESIA 业务流程优化法等关键算法，详细描述业务梳理标准、事项信息采集、事项整合优化和事项入库管理的实施过程，并根据成果转化实例总结业务梳理效果。

第四章为智慧校园标签整合，指出智慧校园标签整合过程存在的共性问题，运用用户画像方法、用户画像聚类算法和基于用户画像的信息资源推荐模型等关键算法，详细描述标签梳理、标签库建设、标签配置管理和标签延展应用的实施过程，并根据成果转化实例总结标签整合效果。

第五章为智慧校园智能融合，指出智慧校园智能融合过程存在的共性问题，运用工作流模型和跨部门业务协同模型等关键模型，详细描述跨部门业务融合、场景与专题建设融合和空间融合的实施过程，并根据成果转化实例总结智能融合效果。

第六章为智慧校园"一网通办"，描述"一网、一次、多端"服务形态、"厚中台"建设和校园服务"十统一"的智慧校园"一网通办"核心建设内容，并根据成果转化实例总结"一网通办"的建设效果。

自本书编写工作启动以来，得到了相关单位、学者的关心与帮助。其中陕西省信息资源研究中心提供了智力支持，西安众擎电子科技有限公司提供了成果转化和技术支持，西安电子科技大学信息网络技术中心提供了数据支持。同时，在西安电子科技大学出版社的帮助下，在王亚凯、张娜、张善庄、亢艳伟、王一杰等人的共同努力下，本书顺利与各位读者见面了。在此，向相关单位和人员表示衷心的感谢！

本书的编写工作得到了西安电子科技大学出版基金项目的资助。

虽然作者认真细致地完成了本书的设计和编写，但是由于水平和能力有限，书中难免还存在疏漏之处，恳请各位专家、学者以及广大读者批评指正！

作　者
2021 年 4 月

目　　录

第一章 智慧校园"一网通办"概述

1.1 智慧校园"一网通办"建设背景

1.1.1 国家信息化建设背景

随着科学技术的不断发展，信息技术将引发高等教育的巨大变革。信息化建设是高等院校的基础支撑，是人才培养和科学研究的基本保障，是推动高校改革发展和治理现代化的重要动力，世界一流的高等院校都将信息化建设作为高校的发展战略进行统筹规划。在教育部印发的《教育信息化"十三五"规划》中也明确提出了要"积极利用云计算、大数据等新技术，创新资源平台、管理平台的建设、应用模式""规范数据的采集、存储、处理、使用、共享等全生命周期管理，保证数据的真实、完整、准确、安全及可用，实现教育基础数据的有序开放与共享"。另外，以"十九大"的召开为标志，教育信息化从以"教育信息化"为重点的 1.0 时代进入到以"信息化教育"为重点的 2.0 时代。完善高校信息化建设，有利于加强高校的自主化管理，整合高校业务系统数据，方便高校工作的高效开展。

《教育信息化"十三五"规划》中关于信息化发展规划的指导思想是：落实国家"十三五"规划"创新、协调、绿色、开放、共享"五大发展理念，深入贯彻党的"十九大"总体要求，坚持"统筹规划，分步实施；应用驱动，融合创新；服务导向，转型升级；开放协同，优化环境"的工作原则，以推进智慧校园建设为目标，以推进信息化与教育发展全面深度融合为核心，以人才培养、科学研究、高校治理和公共服务为四轮驱动，依托高校电子信息优势，面向高校综合改革和"十三五"事业发展规划对信息化的重大需求，将信息化作为推动高校发展的战略途径，以信息化促进高校的业务流程优化和体制机制改革，大力推进信息资源的深度开发利用和全面有效共享，加快新一代信息技术在高校的应用，努力推动高校快速、高效和可持续发展，支撑高校建设电子信息特色鲜明的世界一流大学。

1.1.2　人工智能时代的来临

人工智能(Artificial Intelligence，AI)是计算机科学的一个分支，是研究开发用于模拟、延伸和扩展人的智能的理论、方法、技术及应用系统的一门新的技术科学。人工智能作为社会发展的重要科技力量，迅速渗透到各行各业当中，成为各行业发展的新动力和新趋势。在此形势下，教育如何适应智能时代的需求，如何利用智能技术推进教学模式变革以及创新型人才培养，成为世界各国政府面临的重要挑战。美国 2016 年发布的《为人工智能的未来做好准备》中提到：要实施人工智能教育，扩大人工智能和数据科学课程，为人工智能推动经济发展培养需要的人才。

国务院于 2017 年 7 月颁布的《新一代人工智能发展规划》中提出要发展智能教育，利用智能技术加快推动人才培养模式以及教学方法的改革，构建智能学习和交互式学习的新型教育体系，推动人工智能在教学、管理、资源建设等方面的应用。同年，国务院颁布的《国家教育事业发展"十三五"规划》中也提出要"综合利用互联网、大数据、人工智能和虚拟现实等技术探索未来教育教学新模式"。

由此可见，利用人工智能技术推进教育系统的变革与创新已经引起世界各国的高度关注。当前，我国教育改革虽然取得了显著进步，但仍存在一些突出问题，比如教育发展不均衡、创新型人才培养模式不完善以及优质教育资源配置不合理等。随着智能时代的到来，人工智能将成为破解这些教育难题的"利器"，在创新教育教学模式、优化人才培养方案、发展学生专业技能、构建终身学习体系等方面发挥重要作用，进而推动未来教育的变革与发展。

1.1.3　高校信息化建设背景

信息化技术在现代人类的生活当中无处不在,从教育角度出发,教育信息化已经进入 2.0 时代,对于高校信息化建设来说不仅要实现信息化教育,更应为"智能+教育"的实现做好铺垫。国家制定的《教育信息化 2.0 行动计划》《中国教育现代化 2035》《加快推进教育现代化实施方案(2018—2022 年)》等教育信息化制度,为高校信息化建设勾绘蓝图,为有效落实提供了支撑保障和创新引领。实施以人为核心的综合改革、大力推动一流建设,实施以技术为驱动的信息化建设、营造与信息时代匹配的教育生态,是进入新时代高校改革发展的两大关键任务。

高校可以通过信息化重组和再造,用信息化来驱动教育变革和创新,实现对传统教育的价值重建、结构重组、程序再造、文化重构。构建开放的、个性化的、能力为先的现代化创新人才培养体系,定义人工智能时代下的教育新业态,重塑教育模式,打造产教融合新生态,创造中国智慧、中国方案的高等教育标杆,帮助高校信息化教育实现"互联网+、大数据+、智能+"的教育三"+"。

1.1.4　"一网通办"加速建设智慧校园

"一网通办"平台是指建立 PC 端和移动端的一站式平台,给用户提供集约式的网上服务,是集业务办理、数据展示、交互咨询、效能监督为一体的门户服务平台。"一网通办"应用于高校智慧校园建设当中,主要为师生提供一个在线办理事务的统一入口,其中包含热门事务、推荐事务、快捷通道、事务查询、服务预约、办事指南导航以及事务流程办理等功能。通过一站式网上办事大厅的建立,从高校全局出发,为各部门提供通用、统一、可扩展的业务流程管理平台;同时以信息化手段规范高校各部门的业务流程,整合全校资源,重构师生服务,为用户提供一站式、个性化、智能化的网上办事体验。

1. "一网通办"优化服务流程

"一网通办"平台集咨询服务、网上办事、信息公开和督察督办为一体,以面向师生服务为目标,整合高校管理服务资源,优化管理服务流程,同时也是进一步整合全校各类网上服务平台的重要基础。"一网通办"平台包括服务事项管理后台系统和隶属于平台的多个子系统,并以"场景办事大厅"的整体形象出现在师生和公众面前,同时涵盖各个分支子系统的信息内容。网上办事大厅的建设采用"统一规划、协同建设、分级管理"的模式为高校各职能部门的管理事务提供统一的系统平台。

2. "一网通办"提速信息化服务

"一网通办"服务管理结合网上平台的建设与线下智能化服务大厅的建设,最终实现线上一次办、线下快速办的信息化服务体系。线上通过建设网上平台,完成用户空间、网上办事、场景服务、阳光校务、智能搜索、校园互动、数据展示、第三方应用模块等功能建设;通过建立业务支撑平台,对接高校普遍存在的统一身份认证平台、统一支付平台、统一通信平台,新建以统一电子签章、统一流程管理等统一应用为技术支撑,满足业务流转与整合的快捷处理,实现业务办理"零填表、无纸化"。

3. "一网通办"深化电子校务应用

"一网通办"在高校现有信息化成果的基础上,加强系统性、整体性、创新性、前瞻性的顶层设计。采用云计算服务等先进技术,夯实大数据时代校园信息化基础设施,全面深化电子校务应用,着力建设以数据关联分析为目标的各类综合数据集成平台,着力互联网时代传授与获取知识的新途径,统筹校内外资源进行体制机制创新,构建集高速通畅、便捷智慧、安全可信、灵活适配、资源丰富为一体的智慧校园体系。

1.2 智慧校园痛点解析

目前,众多高校充分利用高新技术,为师生提供多层次的智能化服务,但提供服务的同时也面临着诸多挑战,智慧校园的实现还远未达成。当前智慧校园存在的主要痛点有以下五方面。

1. 表单反复填报，协同缺失

教职工在办理入职手续、考核评比、科研项目、场地审批、经费报账等活动时，往往需要在不同的业务部门重复填写多份表单，部门间协同缺失，造成效率低下的问题。在教师的工作中，个人数据信息与办理业务数据信息的互通共享决定了教师能否高效工作。高效率的信息化平台可以大幅度提升高校的管理以及日常工作的办理，通过大数据整合将教师个人信息、学院信息、高校信息互通共享，更有利于教学工作的展开。

2. 部门服务割裂，本位主义

经过若干年的信息化建设，众多高校已经实现了各类信息化系统的建设，这些系统多数基于多种公共数据库，数据库的来源为老师、学生、管理人员、科研人员日常积累的各种教学、科研、学习、生活等数据。不同数据掌握在不同的部门手中，而作为信息管理部门的信息中心，网络中心更多的精力还是在高校的信息化基础建设上，日常工作主要是系统维护与开发，鲜有数据治理的机会，也缺少对教学、科研数据的抽取、整合以及管理的工具和权限。

技术层面上，各个独立建设的业务系统分属不同的业务部门，建设之初就形成了数据孤岛，数据之间存在壁垒，影响了数据的流动和整合，同一份数据在各个业务系统之间重复存在，产生数据不一致的现象，导致数据无法发挥应有的价值，只是简单地停留在数据堆砌和分析的较低级层面，数据无法进行深度的整合和治理，更无法实现数据凝聚并建模的过程。数据无法深入挖掘和分析，就不能发现校园数据背后所蕴藏的价值。

由于缺少统一的数据标准导致各业务系统之间的信息难以管理和实时交换，因此各业务系统的信息共享实现困难。各种数据混杂在一起，数据质量良莠不齐，占据大量存储空间，数据也没有实现真正意义上的集成，不能为高校管理者提供指导性的科学决策。

3. 网办入口冗余，体验欠缺

多数高校的信息化系统没有统一的信息标准，也没有统一的认证机制，用户的身份信息管理复杂，且数据源不够权威。存在多个独立无联系的数据库应用系统和冗余的网办入口，用户需要申请不同的用户名和密码才可进入不同的操作系统，这样就会造成相同信息重复录取的现象，从而增加了系统数据的冗余和工作人员的工作量，导致用户体验欠缺。

4. 线下业务繁杂，管理原始

高校学生在校期间使用的教学服务窗口、社团服务窗口等服务窗口错综复杂，管理方式原始，学生学习与办理业务时需要东奔西跑，效率不高。多数高校的职能部门也进行了信息化建设，但是高校信息化管理系统建设在很大程度上依赖于高校信息化的整体进程，部门信息化建设程度不同，高校没有一个统一的一站式平台，学生在处理自身学习以及高校事务时并不能直观、一体化地看到自己的信息和高校发布的信息，面向师生的统一的线上服务平台缺位，师生办理事务还是需要很长时间在部门之间排队审批，效率不高，严重影响日常教学事务的展开。

5. 服务监管散乱，效率低下

目前高校中缺少独立的以服务监管部门和工作人员为核心的基础数据库，因而难以对各级服务监管部门和工作人员进行统一、规范、有效的管理。各部门有独立的负责监管服务的监管人员，可以独自进行人员的变更和注销，上一级部门难以监管，高校也无法从宏观层面对各级监管部门的基本信息进行统一管理和维护，部门办事效率亦无法得到有效监控。

当前高校的各应用系统都是独立运行的，没有统一数据平台的支撑，管理信息系统存在孤岛，经常会出现数据重复或不一致等问题，使得信息资源在不同部门之间无法实现共享和协同处理。公共数据交换平台的缺失导致各管理系统之间数据相互独立，无法共享，给各部门协作带来困难；各信息系统的开发和维护模式不统一，管理部门业务审批流程繁杂，只从业务部门本身出发，导致信息资源和权威数据无法汇总、融合、分析，无法给高校领导和各个业务部门提供辅助决策，给后期更新维护和集成带来了阻力。随着应用系统建设的扩大和高校业务管理流程的复杂化，不同应用系统身份信息的不一致为高校的信息化管理工作带来了众多不便，降低了管理部门的办公效率，增加了系统集成和级联的难度，加剧了信息化管理的运营成本。

1.3 智慧校园"一网通办"建设意义

1.3.1 树立现代化的教学理念

教育工作者必须充分认识到转变传统的教育观念、树立现代教学观是教育信息化的前提，也是解决当前教育发展不均衡的必然要求。在传统教学模式下，学生的知识主要来源于教师，教师在整个教学过程中总是扮演着知识的"讲述人""传播者"，通过一本书、一支粉笔、一块黑板，把教学内容传递或灌输给学生。智慧校园信息化建设介入学校教育教学过程后，学生获取信息的方式发生了多层次、多方位的改变，教师不再是学生获得信息的唯一来源。报纸、电视、网络等多媒体信息改变了我们的生活、工作方式，同时也改变了学生获取信息的方式，使他们很容易从外部数据资料中获取大量信息，学到知识。因此，将教师的角色仅仅定位于"讲述人""传播者"和"主导者"，已远远不能适应当下信息时代教学的要求，这就要求教师转变传统的教育观念，改变自己在教学中的角色，从传统教育模式的"讲述人"和"传播者"向信息化教育中的"设计者""引导者""合作者"转变。在课堂中教师要把重点放在启发和引导学生进行积极、自主和创造性的学习上，加强与学生之间的平等交流，逐步实现由教师"教"向学生"学"的转变，从而促进学生学习能力的发展，完成对自己角色的重新塑造，以适应教育信息化的需要。

1.3.2 信息化与教学管理深度融合

为贯彻落实《国家中长期教育改革和发展规划纲要(2010—2020 年)》中提出的"加快教育信息化进程"的具体要求，智慧校园系统的模块结构为领导、教师、家长、学生等各种不同权限的使用者提供了一个专属于他们权限范围的空间。校领导可以掌握学校整体信息和各项工作的概况及细节，并能及时与学校各岗位人员交流沟通，启动各项工作。中层干部可以开展本部门的专项工作，可查询工作相关的各类数据，制作相应表单，并可发布相关通知，参与各类协同工作。教师可以在系统上完成自己的各项教学业务工作，对自己的教学资料和经验进行积累；能全面了解学生发展，与学生及家长多面沟通；同时可以和同事们共享工作资料和经验，参与集体研修。学校在整个数字校园系统中产生的信息，可以按照不同权限在系统中供各类用户调用，同时帮助校长轻松管理学校，辅助教师轻松完成工作，在日常教学工作和行政过程记录的基础上，让整个学校能更进一步实现"绩效考核"。

1.3.3 提供教育信息化服务支持

智慧校园具有一体化的设计、模块化的架构以及"人人参与、各尽其职、自动生成、数据共享"的整体思路，通过学校全员信息化，带来更高效合理的工作感受。采用"工作流"思想，将烦琐的校内事务转化为清晰明确的"工作流"，让校内各项工作分配、事务协作、绩效考核评价更加可视、可追踪。录入原始数据后采取"一次提交，多次利用"的原则，将来自各模块的数据汇集在统一的信息平台上供各方调用和共享。全校各部门每一位教职工、学生都可参与到数字校园中，学校每个人都可在这个平台上享受工作方便带来的轻松。由学校领导提出学校的管理思想，由学校中层干部管理具体的工作流程，由教师、学生、各类专职人员将日常工作数据记录下来，由信息系统来实现数据记录、归类、分析和考核，从而达到"人人参与、各尽其职、自动生成、数据共享"的效果。

1.3.4 推动教育优质资源共享

在教育信息化的发展过程中，城乡学校可以利用自身优势，加快推进教学资源云平台、教育管理云平台、公共服务云平台的建设。通过信息技术打破由地域环境限制所导致的资源共享壁垒，实现不同区域、城乡、学校之间优质课程和教学资源的共享。在学校管理、教学、教研、信息化推进等方面进行全方位合作，可在一定程度上解决教学资源分配不均衡的问题。如一些地方正在积极推进实施的智慧校园和同步课堂教学平台，通过让信息技术建设稳定的城乡学校与远地的学校老师、学生进行实时、互动教学，使相隔千里的学生能在同一时间观摩到同一位老师的课程和课件，并能参与到课堂中。农村学校可以在"同步课堂"的帮助下，学习借鉴城区学校的名师教学，弥补专业教师短缺、教育资源匮乏的不足。为了促进教育优质资源共享，教育行政部门需要搭建城乡教育学校一体化数字平台，可以组建名师团队制作完成各学科重点课时网上精品课程，为网上教学资源提供一种交互、开放、易用的综合环境，每一位教师在平台上可以将自己的教学经验、教学感悟、教学中的困惑以及科研成果等——展示，并能在该平台上与任何一名教师进行交流与合作，实现共同发展、共同进步。通过学科专家引领的网络教研社区，创建全员参与、团队合作、鼓励创新、可持续发展的网上研修共同体，从而达到共享优质教学资源的目的。

信息技术对教育具有革命性的影响，智慧校园突破传统的教育模式，实现教学的创新，立足于为学校创建现代化的学习环境，提高学生技能，丰富教师的教学手段和学生的学习方式，进而达到培养创新人才的目的，让学习不再枯燥乏味，让学生能够趣味学习，让教育改革走向智慧新里程。

1.4 智慧校园"一网通办"建设思路

智慧校园"一网通办"建设以数据治理为基础，进行业务梳理，构建标签整合，完成智能融合，最终实现"一网通办"，其建设思路图如图 1.1 所示。智慧校园"一网通办"为用户提供集业务办理、数据展示、交互咨询、效能监督为一体的网上服务平台，为全校师生提供校园线上服务的统一入口，以校园用户为中心，打通业务部门壁垒，消除信息孤岛，以服务事项为导向，为用户提供一站式、个性化、智能化的网上办事体验。

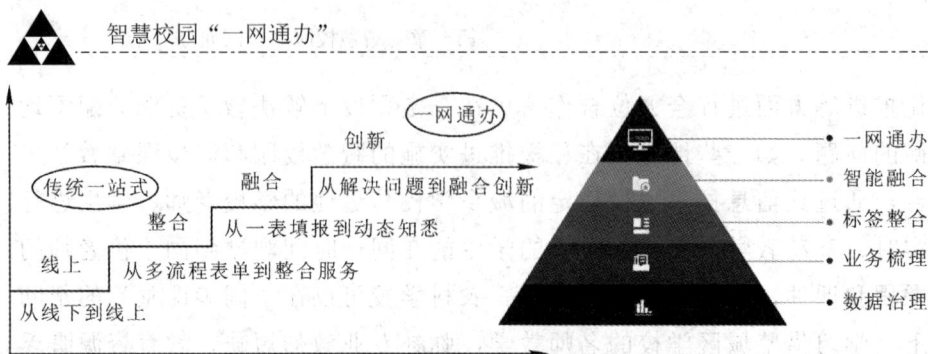

图 1.1 智慧校园"一网通办"建设思路图

1. 智慧校园数据治理

数据治理是在高校已有的数据建设基础上，遵循数据标准建设、全维度数据采集、全量数据清洗、数据集市建设、数据应用对接的技术实现过程，进行数据的质量、模型、标签等全维度管理的行为。数据治理是实现"一网通办"的首要任务，将现存的数据孤岛、烟囱式数据有效地汇集起来，获取、盘点、规划数据资源，通过元数据信息收集、血缘探查、权限申请授权、定义规范等手段，进行数据治理与规范，解决"数据缺乏统一标准""数据采集不全面""数据协调困难""数据资源管理自动化程度低"等难题，提升数据资源的利用率。对全校数据进行汇集治理，实现智慧校园建设中数据的互联互通、信息共享、业务协同。整合学校各个端口数据资源，建设全域数据中心，为智慧校园"一网通办"提供数据支撑。

2. 智慧校园业务梳理

业务梳理是对全校各类业务进行调研，以业务梳理标准、事项信息采集、事项整合优化和事项入库管理为实施过程，配合高校对校内各部门业务进行梳理，理清权力清单、责任清单和服务事项清单，规范事项名称、办理条件、办理时限、办事流程等。业务梳理是在校园数据治理的基础上，解决"事项、表单资源缺乏统一管理""跨系统协同办公业务重叠""业务处理进程缺乏有效追踪""线上业务综合办理平台缺失"等难题，达成全校"统一事项、统一标准、统一编码"。业务梳理是智慧校园的建设基础，为实现智慧校园"一网通办"的全流程流转与监督提供标准的业务规范支撑。

3. 智慧校园标签整合

标签整合是以标签梳理、标签库建设、标签配置管理和标签延展应用为实施过程，通过给校园用户打标签，为用户建造 360°全域画像，精准分析用户个人属性，进行用户个人标签与管理的关联，从而匹配相应的信息，解决"信息利用低效""资源共享困难""身份管理混乱"等难题，达成师生全生命周期信息管理，完善校园信息智能推送，保证师生能方便地管理自己在校产生的多维数据，并且可以通过标签关联，快速高效地完成个人业务办理或关联事项审批，加强高校自主化管理，提升高校信息化服务质量，为实现智慧校园"一网通办"的精准服务、个性化服务提供有力的智能支撑。

4. 智慧校园智能融合

智能融合是以物联网与云计算为基础的校园工作、学习和生活的一体化环境建设过程，以各种应用服务系统为载体，完成跨部门业务融合、场景与专题建设融合及空间融合，解决"业务系统隔离，办事效率低下""目标导向不明，业务导航模糊""信息技术冲击，物联互通阻塞"等难题，将教学、科研、管理和校园生活进行充分融合。智能融合是在标签管理基础上实现智慧校园"一网通办"的最后一个关键步骤，旨在为广大师生提供全面的智能感知环境、综合信息服务和基于角色的个性化定制服务。

5. 智慧校园"一网通办"

智慧校园"一网通办"是指为高校打造线上线下融合、多业务联动的一站式服务平台，着力打破"信息孤岛"，通过底层数据治理、业务梳理调研、应用系统整合、服务深度聚合，制定数据交换规范和网上服务规范，建设事项服务标准、运行服务标准和安全技术保障标准，形成"一网、一次、多端"的校园服务形态。通过平台部署实施和构建"厚中台"，为高校建设统一站点、统一事项、统一搜索、统一办事、统一资讯、统一消息、统一客服、统一数据、统一空间、统一监管的"十统一"服务，为用户提供集业务办理、数据展示、交互咨询、效能监督为一体的智慧服务平台。

1.5 智慧校园"一网通办"关键技术

1.5.1 云计算技术

1. 云计算的定义与特征

云计算这一概念最先是在美国被提出，出现于集中计算、分布式计算、桌面计算和网格计算之后。从本质上来说，云计算技术是虚拟化技术和基础架构及服务技术的有机结合，核心是将某一个或某几个数据中心的计算资源虚拟化之后，给用户提供租借计算资源的服务。云计算包括云平台和云服务两层含义，云平台是指提供资源的网站，云服务是指基于抽象的底层基础设施可弹性扩展的服务。云计算能实现资源的规模化和集中化，云计算系统的建设和运维由运营商完成，使得高校等普通用户可以集中精力于自己的业务，提高信息化建设的效率和弹性。云计算由上万台计算机群组成，是计算机和网络技术相结合的产物。云计算包括基础设施即服务(Infrastructure as a Service，IaaS)、平台即服务(Platform as a Service，PaaS)和软件即服务(Software as a Service，SaaS)三个层次的服务。

SaaS 是一种新型软件发布模式，应用软件安装于厂商或者服务供应商处，用户通过网络进行使用。其典型代表是 Salesforce.com、NetSuite、Google Apps 和微软 Office365。软件开发者可以在 PaaS 之上直接开发新的应用，不需要购买和部署服务器和 OS、数据库和中间件软件而直接部署代码即可运行客户自己的应用。Salesforce.com 的 Force.com、Google AppEngine 和微软 Azure 都是 PaaS 模式的典型代表。IaaS 通过互联网提供数据中心、基础架构硬件和软件资源。典型 IaaS 的代表产品是亚马逊的 EC2(Elastic Compute Cloud)和 Google 的 CloudEngine。图 1.2 所示为云计算技术与服务框架图。

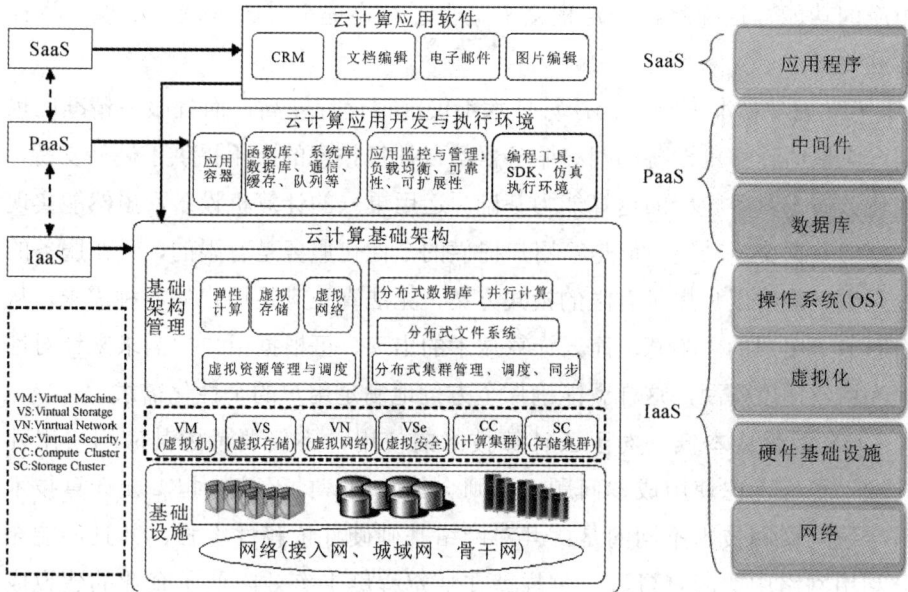

图 1.2　云计算技术与服务框架图

云计算的特征如下：

(1) 运算能力强大。云计算最初是由谷歌提出的，主要是一种网络服务方式，通过接入大量的计算机设备和服务器来实现数据的分布式计算。通过云计算可将复杂的数据处理任务分为多个小的任务程序，这样不仅能够降低计算机对于数据处理的难度，还能提高数据处理的精准性。因此，较传统的计算机设备而言，云计算的诞生可以支持较大的运算量，并且运算精度还较高，这也是云计算技术在各行各业受到广泛使用的主要原因。

(2) 运行稳定。对于数据存储，云计算技术主要就是依靠互联网中的存储设备以及服务器来实现的，确保能够存储大量的数据信息。其中，传统的数据存储设备在运行时，一旦出现故障问题，就会影响整个系统的正常运行，导致系统的部分功能无法正常运用。而云计算技术的出现，就能弥补这些不足，即使服务器在运行时出现故障问题，仍可通过系统的检测功能和调度功能来确保整个系统的良好运行，保障数据的正常存储。因此，云计算技术的使用给整个系统的稳定性运行提供了保障。

(3) 虚拟化程度高。云计算技术的使用主要是依靠虚拟网络层来实现相应的功能，这样就在一定程度上减少了对物理平台的依赖，实现了运行独立化。

(4) 服务精准度高。云计算技术不仅虚拟化程度高，而且服务精准度也高。大量的计算机设备和网络服务器给云计算技术的应用提供了硬件支持，也使该技术具备较好的运算能力基础。运用单一的计算机设备，虽然能实现一定的数据交流功能，但是给用户提供的个性化服务是有限的，且在服务的过程中只能给用户提供有限的模式方案，无法真正满足用户的各种需求，从而影响了用户的体验感。而云计算技术的出现，可根据用户的需求来针对性地为用户调度资源，这样就能确保全方位地满足用户的个性化需求。

(5) 综合成本低。对于云计算技术的使用，不仅要考虑其应用实用性问题，更应考虑使用成本问题，否则会加大用户的经济负担。云计算技术与传统互联网技术不同的是：其对网络基础硬件依赖性不强，并且还能充分利用网络中的闲置资源，这样就在一定程度上有效降低了企业的建设成本。此外，云计算技术还具有自动化及智能化的功能，在运行时可以实现多个程序的联合调动，这样就能提高资源的利用率，这对于促进互联网行业的可持续发展是十分有利的。

2. 云计算的关键技术

1) 虚拟化技术

虚拟化技术主要指计算机元件可以在虚拟化的场景中运行，这样就可避免占用大量的硬件内存，节省硬件资源，而且还能简化软件的配置过程，避免造成资源的浪费。传统互联网技术的使用，无法分离软件应用与其底层，这样会导致二者之间的依赖性较强。而云计算技术的出现，能将单个资源划分为多个虚拟的资源，实现资源的良好分配。

2) 分布式并行编程技术

分布式并行编程技术是云计算的基础技术。云计算在具体运用时，主要应用 Map-Reduce 编程模型，通过该模型，用户只需编写相应的 Map 函数和 Reduce 函数即可。这样不仅可以简化计算流程，实现并行计算，而且还能对数据做良好的处理与存储。

3) 分布式海量数据存储技术

实现数据的海量存储是用户使用云计算技术的主要目标之一。但是，传统的数据存储系统只能依赖计算机的配套设备数据库来实现数据的高效存储，这样不仅建设成本较大，而且还不利于实现对数据的良好维护与管理。分布式海量数据存储技术的出现，在一定程度上扩充了数据的存储空间，并且还能实现数据的备份，这样即使设备出现故障问题，数据也不会丢失。此外，云计算对数据的存储主要是依靠大量廉价的计算机服务器来实现的，这样不仅能降低建设成本，还能提高闲置资源的利用率。

4) 海量数据管理技术

对于数据，不仅要做好存储工作，确保数据存储安全，而且还应做好处理与分析工作，确保充分发挥数据的运用价值。云计算技术通过依靠管理模块 HBase 实现对数据的海量存储和管理。但是，该技术与传统的数据管理技术有较大的差异，在管理过程中如何精确地找到数据是当前技术人员要解决的主要问题。

3. 云计算在智慧校园"一网通办"中的应用

1) 云计算数据中心

云计算数据中心是智慧校园"一网通办"建设的底层支撑。将高校各项业务系统统一放到云计算平台上进行管理，使其安全得到有效保障，降低有关信息安全事件发生的可能性，并为教学和科研活动提供灵活可调的实训资源，降低设备闲置率，提高应用平台操作的简洁性，最终使各智慧平台的管理更加统一、高效和快捷。

2) 智慧科研云平台

智慧科研云平台是实现科研设备与基础数据有效共享及资源充分利用的服务平台，科研人员可自助获取所需的资源，如计算、存储或网络等。此外，资源使用完可释放再利用，保障教师有充足的科研计算资源。

3) 智慧图书馆云平台

智慧图书馆云平台为高校师生提供了书刊检索资源。智慧图书馆云平台通常提供两种服务：一种是软件服务，类似一般 APP 的安装和使用，在移动终端和 PC 端安装图书馆应用 APP 等，平台系统利用网络能以最快的速度为读者找寻相关图书信息；另一种是云存储服务，该服务把大规模的图书馆数据资源存放在云端当中，达到节约资源的目的。

4) 智慧管理云平台

智慧管理云平台是为了方便高校各类校务管理业务而建立的综合服务管理平台，该平台的主要功能包括招生管理、学籍注册、学籍异动、学籍查询以及公事办理等。该平台可将高校不同的管理子系统通过云计算技术，实现学生管理、人事管理、招生就业管理等一站式管理服务功能。

5) 安全管理云平台

智慧校园"一网通办"的建设除了需要基础云计算数据中心和应用平台，还需要对整个系统进行监控和安全管理。安全管理云平台可采用旁路和桥接的方法，精准地监测记录系统内部交流及外部交换的各种信息。平台还可使用多级分布式方法布置的云安全管理架构，对信息端口内的安全设备进行安全方法的自动发放和更新，从而提高系统的安全管理水平。

1.5.2 物联网技术

1. 物联网的定义与特征

物联网(Internet of Things，IoT)即"万物相连的互联网"，是在互联网基础上延伸和扩展的网络，将各种信息传感设备与互联网结合起来而形成的一个巨大网络，实现在任何时间、任何地点，人、机、物的互联互通。"物联网就是物物相连的互联网"这句话有两层意思：第一，物联网的核心和基础仍然是互联网，是在互联网的基础上延伸和扩展的网络；第二，其用户端延伸和扩展到了任何物品与物品之间，进行信息交换和通信。因此，物联网是一种通过射频识别、红外感应器、全球定位系统和激光扫描器等信息传感设备，按约定的协议，把任何物品与互联网相连接，进行信息交换和通信，以实现对物品的智能化识别、定位、跟踪、监控和管理的网络。当前公认的物联网基本架构包括三个逻辑层，即感知层、网络层和应用层，如图 1.3 所示。

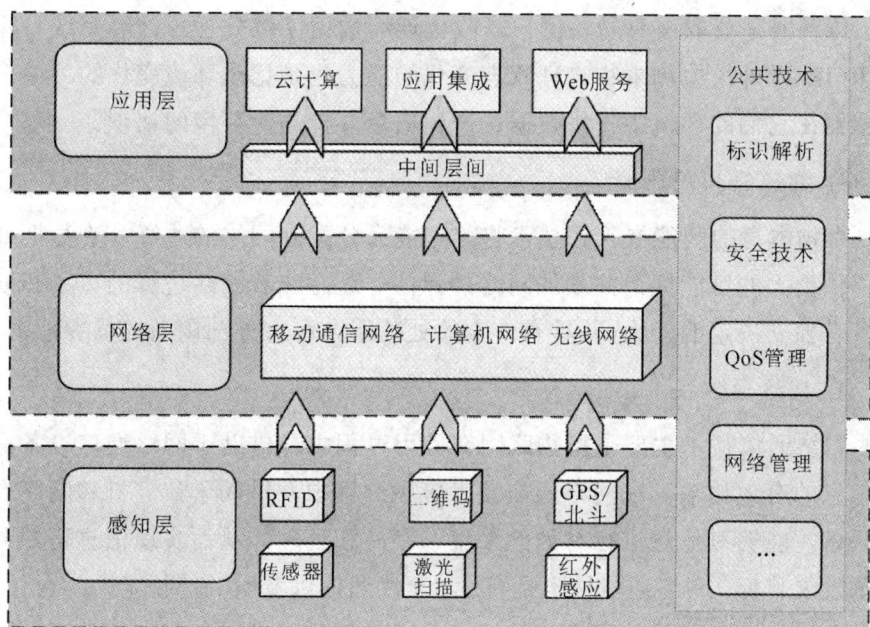

图 1.3　物联网的架构

物联网技术的特征如下：

(1) 物联网对信息技术进行应用，并依托信息技术实现了现实生活中的信息沟通和交流。同时，物联网中的物体可以是虚拟存在的，也可以是实际存在的，可以用一些特殊符号进行标记。

(2) 物联网中的物体具有社会性、可控制性、可复制性等特征。

(3) 在物联网中可以借助传感器实现该物体与周围其他物体之间的交流，并且能够在资源以及服务方面与其他物体进行对比分析。

2. 物联网的关键技术

1) 射频识别技术

射频识别技术(RFID)是自动识别技术的一种，其通过无线射频方式进行非接触双向数据通信，利用无线射频方式对记录媒体(电子标签或射频卡)进行读写，从而达到识别目标和数据交换的目的。

2) 传感器技术

传感器是获取信息的关键，是收集连续数据流以处理的神经系统。除了 RFID 以外，检测事物物理状态变化的能力也是记录环境变化的关键，传感器在它们的环境中收集数据，产生信息并提高对环境的认识。

3) 智能嵌入式技术

事物本身的智能嵌入式技术将处理能力分配到网络的边缘，为数据处理提供更大的可能性，并增加网络的弹性。这意味着网络边缘的事物和设备具有独立决定的能力，并具有一定的处理能力和对外部刺激的反应能力。

4) 网络通信技术

网络通信技术主要是指物联网在应用过程中，借助于网络通信设备实现信息的有效传输。在网络通信技术应用过程中，借助于计算机和网络通信设备，能够对信息进行有效的采集、存储和处理，从而实现信息资源共享的发展目标。网络通信技术是有线、无线通信以及网关等技术的结合体，借助于网络进行信息的交换和传输，从而对信息资源进行有效的处理。网络通信技术是物联网应用的关键技术，随着人们生活水平的不断提高，对信息获取需求量也在不断增大，其在物联网中的作用越来越重要。

3. 物联网在智慧校园"一网通办"中的应用

1) 校园一卡通

在智慧校园"一网通办"系统中，校园一卡通是使用最普遍的应用，也是师生学习和生活中必不可少的一部分。通过刷一卡通能够实现多种功能。例如，通过一卡通去图书馆借书可以减少对个人信息的登记，通过一卡通去食堂吃饭消费可以解决找零钱的麻烦，通过一卡通进入宿舍及上课签到可以准确进行身份识别等，这些都极大地方便了学生的学习和生活，也有利于教务人员对学生的教学和管理。校园一卡通实现这些功能的基础都是利用了 RFID 技术，通过计算机系统将学生的个人基本信息录入，然后设置 RFID 的读取器，使教职工和学生可以随时随地对一卡通进行充值和消费，数据信息也会迅速传递到数据库中，从而对校园一卡通的使用信息进行有效的处理。

2）智慧教学管理

物联网技术在智慧校园"一网通办"中的应用极大地提高了学生的学习效率，给学生的学习提供了便利。通过对计算机技术的应用，使教学设备逐渐完善，为学生设置了便利的教学管理、教学评价、教学考核、图书管理以及实训设备管理等功能，使整个教学质量得到有效提升。智慧图书馆和教学考核系统是由一卡通刷卡和人脸识别的方式进行的，通过网络向系统中心反馈数据来实现对学生考勤的管理。除此之外，图书馆还可以通过红外传感器对图书的位置进行迅速的查阅，提高图书管理的工作效率。而实训设备电子系统主要借助传感器的作用，对设备的运行状态进行监测，当发生问题时能够及时地进行报警，实现对设备的高效管理。

3）智慧环境管理

校园内的自然环境包括光照强度、温度、湿度、空气质量和声音等，这些自然环境均会对师生的日常学习产生影响。利用物联网技术构建的智慧校园，通过在各个位置设置的传感器来及时获取校园内自然环境的数据信息，并结合师生的需求，对环境指标进行科学的调整，以此来营造安全稳定的学习环境。在教室和教师办公室等场所设置的光照强度传感器及声音传感器能够智能化地控制教学场所的光源，在人接近光源开始工作时，光源便开始启动，利用配置的传感器可对光照强度实时监测，调节窗帘的高度及光照强度，最大限度满足师生的需求。在智慧校园模式下，校园内部的噪声、湿度、温度、空气质量等环境系统数据能够实现实时采集，依据采集的数据，物联网应用层可采取有效的控制干预措施，以此来提升校园环境的舒适度。同时，智慧校园发展的重点方向是创建节能型校园，利用物联网技术可对校园能源消耗实时监测，对水、电等能源的消耗情况形成报告，实现对能源消耗的有效控制。

4）智慧后勤服务管理

智慧校园"一网通办"的构建离不开对后勤工作的管理，其中以物联网技术为基础的智慧后勤服务管理工作主要包括供电系统、供水系统、照明系统以及停车场管理系统等。其中照明系统的主要工作内容就是通过物联网技术对校园各部分之间的灯光进行管理和控制。例如，图书馆、食堂、教室和宿舍这些地方的照明时间完全不同，所以要通过物联网技术对照明系统进行有效的控制，从而提高工作人员的工作效率，促进智慧校园的建设。除此之外，水电、停车管理都是校园后勤工作的重要组成，都可以通过物联网技术实现，从而建设校园智慧后勤服务控制体系。

1.5.3 移动互联网技术

1. 移动互联网的定义与特征

移动互联网是移动和互联网相融合的产物，既拥有移动随时、随地、随身的特点，又包含互联网开放、分享、互动的优势，是一个由运营商提供无线接入，互联网企业提供各种成熟技术的全国性应用。

移动互联网相关技术总体上分成三大部分，分别是移动互联网终端技术、移动互联网通信技术和移动互联网应用技术，如图 1.4 所示。

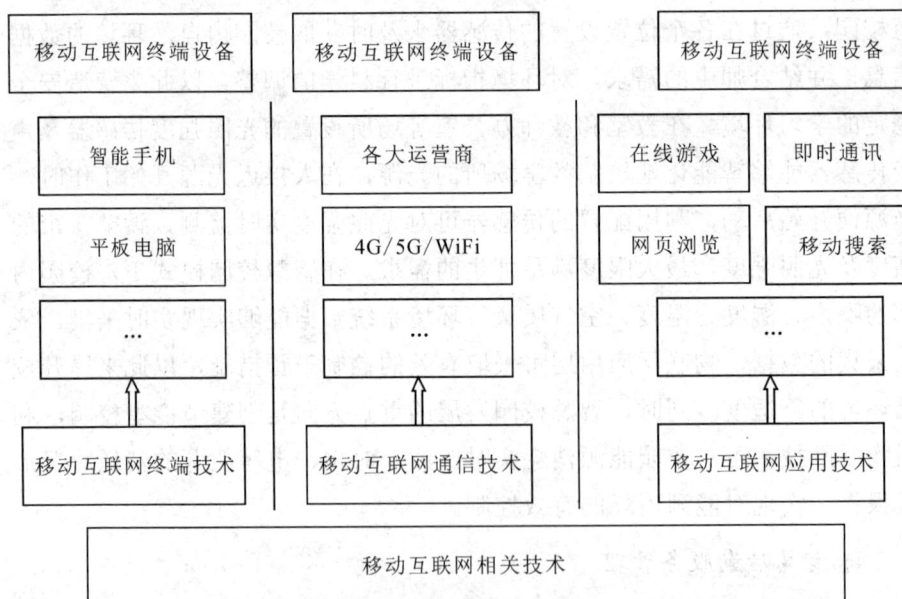

图 1.4　移动互联网架构

移动互联网的特征表现在如下几个方面：

1) 交互性

用户可以随身携带和随时使用移动终端，在移动状态下接入和使用移动互联网应用服务。一般而言，人们使用移动互联网应用的时间往往是在上、下班途中，在空闲间隙任何一个有网络覆盖的场所，移动用户接入无线网络实现移动业务应用的过程。现在，从智能手机到平板电脑，我们随处可见这些移动终端发挥强大功能的身影。当人们需要沟通交流的时候，随时随地可以用语音、图文或者视频解决，很大程度上提高了用户与移动互联网的交互性。

2) 便携性

相对于个人计算机(简称 PC)，移动终端具有小巧轻便、可随身携带的特点，人们可以将其装入随身携带的书包和手袋中，并使得用户可以在任意场合接入网络。由此可见，移动设备的使用时间一般都远高于 PC 的使用时间。移动终端设备的特点决定了使用其上网，可以带来 PC 上网无可比拟的优越性，即沟通与资讯的获取远比 PC 设备方便。用户能够随时随地获取娱乐、生活、商务等相关信息，进行支付、查找周边位置等操作，使得移动应用可以进入人们的日常生活，满足人们的衣食住行、吃喝玩乐等需求。

3) 隐私性

移动终端设备的隐私性远高于 PC 的要求。由于移动性和便携性的特点，移动互联网的信息保护程度较高。移动终端设备在进行数据共享时既要保障认证客户的有效性，也要保证信息的安全性。这不同于传统互联网公开透明开放的特点。传统互联网下，PC 端系统的用户信息是容易被搜集的，而移动互联网用户因为无须共享自己设备上的信息，从而确保了移动互联网的隐私性。

4) 强关联性

由于移动互联网业务受到了网络及终端能力的限制，因此，其业务内容和形式也需要匹配特定的网络技术规格和终端类型，具有强关联性。移动互联网通信技术与移动应用平台的发展有着紧密的联系，若没有足够的带宽则会影响在线视频、视频电话、移动网游等应用的扩展。同时，根据移动终端设备的特点，也有其与之对应的移动互联网应用服务，这是区别于传统互联网而存在的。

5) 身份统一性

这种身份统一是指移动互联网用户自然身份、社会身份、交易身份和支付身份通过移动互联网平台得以统一。信息本来是分散到各处的，随着互联网逐渐发展及基础平台逐步完善之后，各处的身份信息将得到有效统一。例如，在网银里绑定手机号和银行卡，支付的时候只需要验证手机号就可以直接从银行卡里扣钱。

2. 移动互联的关键技术

1) 移动互联网终端技术

移动互联网终端技术包括硬件设备的设计和智能操作系统的开发技术。无论对于智能手机还是平板电脑来说，都需要移动操作系统的支持。在移动互联网时代，用户体验已经逐渐成为终端操作系统发展的至高追求。

2) 移动互联网通信技术

移动互联网通信技术包括通信标准与各种协议、移动通信网络技术和中程无线通信技术。在过去的十几年中，全球移动通信发生了巨大的变化，移动通信特别是蜂窝网络技术的迅速发展，使用户可以通过稳定的传输手段和接续方式摆脱终端设备的束缚，实现完整的个人移动性。

3) 移动互联网应用技术

移动互联网应用技术包括服务器端技术、浏览器技术和移动互联网安全技术。目前，支持不同平台和操作系统的移动互联网应用有很多。

3. 移动互联网在智慧校园"一网通办"中的应用

移动互联网技术在智慧校园"一网通办"中的应用，实现了资源利用的高效性和接入的实时性，打破了时空限制，有效地将高等院校各类资源、环境和设施融合在一起，优化了教学流程，提高了教学质量，实现了随时随地办公学习。

1) 教学活动智慧化进行

在智慧校园"一网通办"系统的辅助下，教师可以根据教学需要，通过教育大数据库智能化搜索并匹配国内外优秀教师和专家学者，开展网上协同研讨和备课活动。学生可以使用智能终端实现随时随地的无缝学习，教学软件能够实时存储和分析学生学习进度与知识技能的掌握情况。利用虚拟现实技术和增强现实技术，师生从真实的物理环境转向虚拟实验实训室，不但降低了建设和维护的成本，而且具有安全便捷、支持反复练习和评价客观准确等优点，真正实现了以学生为中心的个性化教学。

2) 校园服务信息化开展

在智慧校园"一网通办"系统中，在校师生只需通过接入移动互联网设备就可查询到学校各个部门实时更新发布的新闻；学生可按照自己的学号来查询所获得的证书与成绩；在校师生可以通过移动设备访问、查询到各个班级的课程表，而课程表中包含了具体的上课教室、上课教师、上课时间等信息，真正地实现了教学、生活、工作全流程的智能化服务。

3) 教学资源智能化推荐

智慧校园"一网通办"系统教学资源中心包括各类教育和教学资源，如学习的音视频资源、教师讲义、电子图书、在线考试题库等一系列的信息化学习与教学资源。在大数据分析的基础上分析用户的行为，自动从资源库中寻找适合用户学习、应用的资源，并将这些资源推送给用户。学生们可以通过智能手机等移动设备自由地浏览、学习并实时查看自己的学习情况。同时，学生还可以根据一些课堂提供的在线学习功能，利用在线网络视频在课堂外完成知识的学习。在课程学习完毕后，学生还可以利用教学资源中心里面提供的作业提交、留言讨论功能与其他师生相互交流，同时也可以利用成绩查询功能了解自己的学科成绩。

1.5.4　大数据技术

1. 大数据的定义与特征

对于"大数据"(Big Data)，麦肯锡全球研究所给出的定义是：一种规模大到在获取、存储、管理、分析方面大大超出了传统数据库软件工具能力范围的数据集合，具有海量的数据规模、快速的数据流转、多样的数据类型和价值密度低四大特征。大数据技术的战略意义不在于掌握庞大的数据信息，而在于对这些含有意义的数据进行专业化处理。换而言之，如果把大数据比作一种产业，那么这种产业实现盈利的关键在于提高对数据的"加工能力"，通过"加工"实现数据的"增值"。

大数据技术的体系庞大且复杂，主要包含数据收集、数据存储、资源管理、计算框架、数据分析和数据展示等几个方面，如图 1.5 所示。

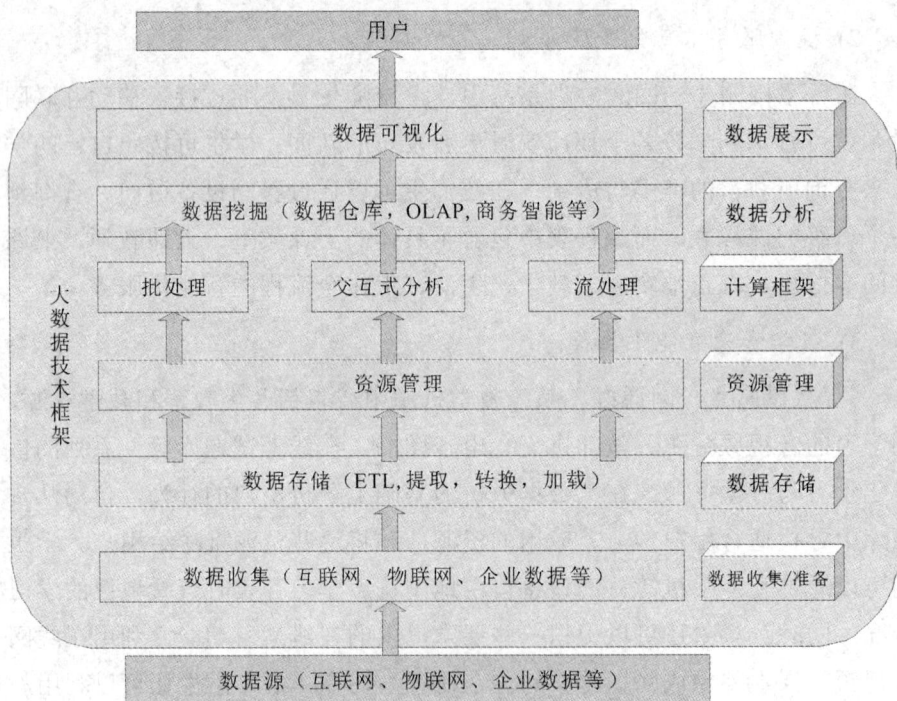

图 1.5　大数据技术的框架

大数据技术的特征如下：

1) 能够处理比较大的数据量

所谓大数据时代就是社会工作和生活中每天的数据都会呈现增长的状态，如果用比较传统的方式就没有办法妥善处理这些数据，但是利用大数据技术就能够解决大量数据堆积的情况。

2) 能对不同类型的数据进行处理

大数据技术不仅能够对一些大量的、简单的数据进行处理，还能够处理一些复杂的数据，例如文本数据、声音数据以及图像数据等等。大数据技术不仅能够处理纷繁的数据类型，还能够高效地完成数据的处理。

3) 处理速度快

高速描述的是数据被创建和移动的速度。在高速网络时代，通过实现软件性能优化的高速电脑处理器和服务器，创建实时数据流已成为流行趋势。企业不仅需要了解如何快速创建数据，还必须知道如何快速处理、分析数据并返回给用户，以满足他们的实时需求。即使在数据量非常庞大的情况下，也能够做到数据的实时处理。数据处理遵循"1 秒定律"，可从各种类型的数据中快速获得高价值的信息。

4) 价值真实性高和密度低

随着社交数据、企业内容、交易与应用数据等新数据源的兴起与应用，传统单一数据源的局限被打破，企业可以通过广泛的信息源来确保其数据的真实性和有效性。而数据价值密度的高低又与数据总量的大小成反比。以视频为例，一段时长一小时的视频在不间断的监控过程中，往往有用的数据可能仅有一两秒钟。

2. 大数据关键技术

1) 虚拟化技术

虚拟化技术包括软件虚拟化和硬件虚拟化。大数据平台引入的虚拟化技术多属于硬件虚拟化技术，能够引入轮转方法、分片方法和多任务操作处理方法进行操作，实现对存储空间、CPU(中央处理器)和通信带宽的利用，从而进一步提高计算机硬件设备的共享服务能力。虚拟化可以共享和扩展物理存储空间，确保多用户共享 CPU 或通信带宽资源，通过按需服务机制实现大数据平台操作。虚拟化已经成为大数据平台的发展方向，其引入了很多虚拟化工具，最常用的工具为 VirtualBox、XenServer、OpenVZ和 CloudStack 等，提升了大数据平台的资源利用率。

虚拟化还可以将大数据平台划分为三个关键层次，分别是 IaaS、PaaS

和 SaaS。虚拟化实现了存储器、CPU、网络带宽的服务和共享，实现 IaaS，这样就可以提高云计算的并发性，实现数以亿计的用户并发访问平台。PaaS 可以为软件开发人员提供应用程序实现和服务处理的平台，为程序员提供软件开发、软件测试、软件部署的环境，能够按照需求分配环境空间。SaaS 则可以为供应商、内容商和通信运营商提供软件应用程序托管功能，允许用户连接到应用程序，实现互联网的访问操作。目前，虚拟化已经有力地支持了大数据平台的建设和应用，成为智能旅游、在线学习、金融证券、工业控制、政务办公、电子商务等数据集成共享和处理的关键信息平台，提高了社会的信息化水平，具有重要的作用。

2) 人工智能技术

人工智能可以辅助大数据平台实现数据分析和挖掘功能，也是提升大数据利用效率的重要技术。人工智能可以实现文本数据、图像数据和视频数据的处理，进一步提高数据组织和发现能力，同时将结果输出到显示器上，实现可视化的操作服务。人工智能也是当前计算机的重要技术之一，能够提高大数据平台服务处理效能，保证大数据平台的处理速度和自动化水平。人工智能是大数据分析的关键技术之一，目前利用人工智能可以构建大数据模型，同时动态地实现算法的更新和处理，保证算法能够准确地实现知识加工，提高人工智能的应用精准程度。

3. 大数据技术在智慧校园"一网通办"中的应用

1) 建立大数据预警平台

校园预警能够实现整个校园的稳定发展，利用云存储以及大数据分析等技术，针对学生的实际生活以及考勤信息展开收集分析，根据分析结果确定不符合相应规律的学生，能够帮助教师实现准确、高效的预警分析，完成预警提醒。具体应用场景包括以下几个方面：

(1) 计划执行预警：针对应届生进行培养，包括学习实践、社会实践以及军事训练内容，将以上培养内容记录在学生日常档案中，能够起到及时提醒的作用。

(2) 毕业资格审查：在学生正式毕业前一年，教师需要针对学生的实际情况，提醒学生完成未完成的学习计划，保证学生具备毕业资格，能够顺利毕业。

(3) 项目经费预警：对项目负责人展开针对性的提醒，在项目正式开展之前制订完善的项目建设计划，能够避免在项目验收之前出现验收混乱的现象，进而保证项目的有效运行。

(4) 学风预警：良好的学风是智慧校园建设的主要内容，可以利用智能算法大数据建立良好的学风预警系统。例如，根据学生的实际考勤情况以及回寝率，针对违反规定以及不符合标准的学生给予提醒。通过智能算法大数据分析的方式及时发现校园中存在的学风问题，尽早提醒，完成干预。

(5) 就业预警：学生在毕业之后要进入社会，利用预警系统统计学生的就业率，并分析当今就业市场的需求以及发展趋势，提高学生与社会就业市场之间的吻合性。

2) 实现学习资源个性化推荐

智慧校园"一网通办"通过数据挖掘和分析学生在线学习过程中的基本信息、学习行为、学习课程、学习成绩等交互数据，从而为学生提供学习反馈和建议；通过分析学生的学习规律，对具有相同学习特征的学生进行聚合划分，可以有的放矢地为学生创造个性化的学习环境；通过探索大量学生学习过程中产生的相关数据与不同学习结果之间的对应关系并建立模型，依据学生的基本情况以及当前行为模式预测其未来的学习趋势和学习结果。

3) 辅助教学管理科学化决策

智慧校园"一网通办"利用大数据技术可以指导教育工作者更全面地整合学生信息，在日常工作管理中科学合理地决策。学生自入校后，学习、生活、实践的数据就源源不断地被系统记录，这既包括学生的基本信息、学业水平、素质测评、心理评价等静态的或变化频率低的数据，也包括学生刷卡消费记录、上网时长、图书馆图书借阅频次、网络发帖留言等动态的或变化频率高的数据。由于过去学校各类业务系统往往是在不同历史时期规划和建设的，系统之间的数据难以共享，许多数据都形成了"数据孤岛"。利用大数据技术可以让管理者更全面地掌握学生信息，如通过校园一卡通的消费记录和贫困生电子档案，对生活困难的学生开展精准补助；通过图书馆的借阅记录和宿舍的门禁系统，观察学生的学习作息规律，精准把握学生的学习和生活状态。

1.5.5　生物特征识别技术

1. 生物特征识别技术的定义与特征

生物特征识别技术(Biometric Identification Technology)是指利用人体生物特征进行身份认证的一种技术。更具体一点，生物特征识别技术就是通过计算机与光学、声学、生物传感器和生物统计学原理等高科技手段密切结合，利用人体固有的生理特性和行为特征来进行个人身份的鉴定。

生物特征识别技术是目前最为方便与安全的识别技术。由于人体特征具有人体所固有的不可复制的独一性，这一生物密钥无法复制、失窃或被遗忘，利用生物特征识别技术进行身份认定更加安全、可靠和准确。而常见的口令、IC卡、条纹码、磁卡或钥匙则存在着丢失、遗忘、复制及被盗用等诸多不利因素。因此，采用生物"钥匙"用户不必携带大串的钥匙，也不用费心去记住或更换密码，而系统管理员更不必因忘记密码而束手无策。生物特征识别技术产品均借助于现代计算机技术实现，很容易配合电脑并与安全、监控、管理系统进行整合，实现自动化管理。

2. 生物特征识别的关键技术

1) 指纹识别

指纹识别已被全球大部分国家政府接受与认可，已广泛地应用到政府、军队、银行、社会福利保障、电子商务和安全防卫等多个领域。在我国，北大高科等对指纹识别技术的研究开发已达到可与国际先进技术相抗衡的水平；中科院的汉王科技公司在一对多指纹识别算法上取得重大进展，达到的性能指标中拒识率小于0.1%，误识率小于0.0001%，居于国际先进水平。指纹识别技术在我国已经得到较广泛的应用，随着网络化的加快普及，指纹识别的应用将更加广泛。

2) 人脸识别

人脸识别的实现包括面部识别(多采用"多重对照人脸识别法",即先从拍摄到的人像中找到人脸,从人脸中找出对比最明显的眼睛,最终判断包括两眼在内的领域是不是想要识别的面孔)和面部认证(为提高认证性能已开发了"摄动空间法",即利用三维技术对人脸侧面及灯光发生变化时的人脸进行准确预测,以及"适应领域混合对照法",即对部分伪装的人脸也能进行识别)两方面,基本实现了快速而高精度的身份认证。由于其属于非接触型认证,仅仅看到脸部就可以实现很多应用,因而可被应用在证件中的身份认证、重要场所中的安全检测和监控、智能卡中的身份认证以及计算机登录等网络安全控制多种不同的安全领域。随着网络技术和桌上视频的广泛采用,电子商务等网络资源的利用对身份验证提出新的要求,依托图像理解、模式识别、计算机视觉和神经网络等技术的人脸识别技术在一定应用范围内已获得成功。目前国内该项识别技术在警用等安全领域用得比较多,这项技术亦被用在目前一些中高档相机的辅助拍摄方面(如人脸识别拍摄)。

3) 声音识别和签字识别

声音识别和签字识别属于行为识别的范畴。声音识别主要是利用人的声音特点进行身份识别。声音识别的优点在于它是一种非接触识别技术,容易为公众所接受。但声音会随音量、音速和音质的变化而受到影响。比如,一个人感冒时说话和平时说话就会有明显差异。再者,一个人也可有意识地对自己的声音进行伪装和控制,从而给鉴别带来一定的困难。签字是一种传统身份认证手段。现代签字识别技术主要是通过测量签字者的字形及不同笔画间的速度、顺序和压力特征,对签字者的身份进行鉴别。签字识别与声音识别一样,也是一种行为测定,因此同样会受人为因素的影响。

3. 生物特征识别技术在智慧校园"一网通办"中的应用

1) 身份验证

传统身份验证一般以校园卡或身份证为主,例如图书馆借阅、考试审核或充值缴费等情况，但往往容易发生使用他人证件冒用顶替的事件，或者非法进入限制人员出入的区域。人脸识别系统的出现则解决了这一问题。对于人脸信息特征库中没有的信息或者非法的人员信息，人脸识别系统会自动报警，通过各种方式将信息传递给校园管理部门，校园管理部门会派安保人员进行保护。在智慧校园中，门禁变得更加智能化，学生可以通过"刷脸"出入宿舍和教学楼。对于校园宿舍管理而言，人脸识别也有其独特的魅力，它能够识别进入的学生是否属于该宿舍区，并统计每个时间段的学生出入情况；还可通过显示屏实时显示学生的姓名、系别、寝室号、照片等信息。除此之外，对进出人员或晚归、夜不归宿的学生及校舍管理人员无须人工查寝，只需通过电脑记录进行分析，即可自动生成需要的名单。

2) 图书馆管理

对于大学图书馆来说，为了满足老师和学生的学习需求，应当不断进行智能化和网络化建设，并不断提高图书馆的管理水平。图书馆作为大学文献信息资源的中心，是老师和学生获取知识与信息的重要资源库，因此，如何提高科学管理和人性化的服务，发挥好图书馆的作用已成为图书馆建设中的重要议题。其中生物特征识别技术作为一种新颖的技术，在图书馆的信息管理和服务工作中逐渐发挥着重要的作用。对于生物识别技术来说，由于指纹识别技术开发比较早而且技术应用也比较成熟，再加上其唯一性和稳定性的特点，在身份鉴定上一直被视为可靠手段，所以在图书馆管理中应用得比较广泛。在图书馆的智能化管理中，通过在管理系统中应用指纹识别技术可以使管理更加方便、准确，提高了图书馆的管理效率。指纹识别系统主要有图像采集器和视频采集卡或者数字化的摄像头，再加上指纹识别软件，把所有的指纹信息录入图书馆管理系统的数据库中，然后通过网络和终端就可以进行人员的识别工作。而且指纹识别系统和设备由于开发技术比较完善，所以其费用也相对比较低，其中比较关键的是设备软件系统和图书馆管理系统的融合。

3) 教学活动管理

将生物特征识别技术与其他智能技术融合使用，如"生物识别 + 人工智能、生物识别 + 大数据",扩大管理范围,实现精细化管理,提高服务水平。如可以结合视频监控系统进行智慧课堂分析,使用教室智慧监控系统不仅可以统计上课人员数量、上下课时间,还可以应用人脸识别技术进行行为特征判断,在课堂上通过分析教师、学生的表情,结合大数据技术处理,形成上课期间师生态度分析等;除此之外,还可以进行活动人员或人流控制,针对一些讲座报告或课程因主讲内容或场地空间受限而需限定学生数量和专业的情况,可预置准入人员信息,由人脸识别门禁控制进入人员,借助视频监控系统人脸识别功能,当未在授权范围内的人员进入时将报警提示,人员头像同步显示在控制台和大屏幕,或在人员集中拥挤时提示相关工作人员介入疏导。

4) 校园安全管理

多种生物特征识别技术与智能技术的完美融合,必能拓展应用范围,提升安全应用至新的高度。由于在校人员每年需要进行体检,但是校园人数较多,每年涉及几千甚至几万人体检,依照常规的体检安排需要耗费大量人力、物力。在应用生物特征识别体系后,将对一些基础体检项目直接从系统中提取数据,在统一体检时将这些项目列入免查范围,如年龄、身高、体型和血压等。个别生物特征识别系统还具有判断个体是否患病的功能,如指纹识别能够识别出某些染色体异常疾病,虹膜识别能够识别出是否患有艾滋病。另外,人脸识别系统可以判断个体的心情性格,以此提供心理状态依据,做好预防。随着技术的不断进步,今后还可以通过波(超声波、太赫兹波、毫米波等)的方式进行身体检查和监测。从生物特征识别信息中挖掘的有关个人健康或疾病的信息需要加以重视和科学利用,减少生物特征识别技术身体信息化产生的消极后果。

1.5.6 区块链技术

1. 区块链的定义与特征

区块链 (Blockchain) 是分布式数据存储技术、P2P 网络、加密算法、智能合约、共识机制等信息技术在互联网时代的变革创新应用新模式。自

2008 年中本聪(Satoshi Nakamoto)提出并开发了比特币系统,作为其核心技术的区块链在十多年间受到了国际社会的高度关注,特别是 2014 年之后,人们将更多目光从比特币转向支撑其价值转移的区块链技术,包括联合国、美国、英国、日本、IMF、跨国银行、证券公司等国家或机构在内,都积极探索推动区块链技术研究与应用,已使区块链技术在金融、数字资产交易、物联网等多个领域得到有效应用,从而促进了各行业的创新发展。

　　一般来说,区块链系统由数据层、网络层、共识层、激励层、合约层和应用层组成。数据层封装了底层数据区块以及相关的数据加密和时间戳等基础数据和基本算法;网络层包括分布式组网机制、数据传播机制和数据验证机制等;共识层主要封装网络节点的各类共识算法,用以解决如何在分布式系统中高效地达成共识的问题,其中包含工作量证明机制(Proof of Work,POW)、权益证明机制(Proof of Stake,POS)、授权股份证明机制(Delegated Proof of Stake,DPOS)等;激励层将经济因素集成到区块链技术体系中,主要包括经济激励的发行机制和分配机制等;合约层主要封装各类脚本代码、算法机制和智能合约,是区块链可编程特性的基础;应用层则封装了区块链的各种应用场景和案例。该模型中,基于时间戳的链式区块结构、分布式节点的共识机制、基于共识算力的经济激励和灵活可编程的智能合约是区块链技术最具代表性的创新点。区块链架构如图 1.6 所示。

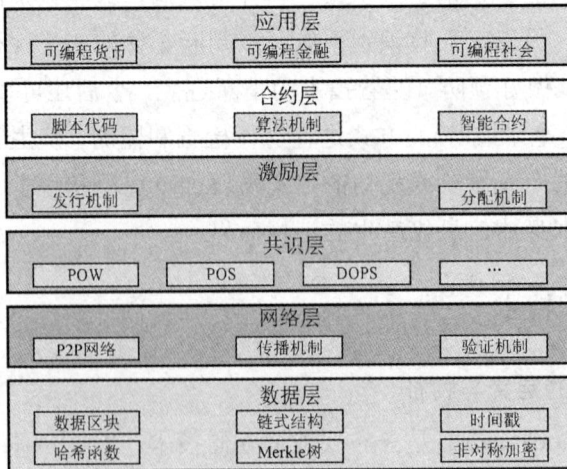

图 1.6　区块链架构

区块链技术的特征如下：

(1) 去中心化。无须第三方介入，实现人与人之间点对点的交易和互动。

(2) 信息不可篡改。数据信息一旦被写入区块中就不能更改撤销。

(3) 公开透明。极短时间内，区块信息会被复制到网络中的所有区块，实现全网数据同步，每个节点都能回溯交易双方过去的所有交易信息。

(4) 集体维护性。在整个互联网金融系统中，无论是资金的供给者还是资金的借贷者都可以充当保护者的作用，共同维护整个区块链信息的可靠性和安全性。

(5) 可靠数据库。只有掌握整个系统 51%的节点，才能对区块链信息进行篡改，这样显然不可能做到，因为整个系统参与者众多，掌握这么多节点成本极高，也无法实现，这样能确保数据的完整性、真实性和安全性。

2. 区块链的关键技术

1) 密码学与分布式账本

区块链由密码学极客(Geek)创建，密码学构成了区块链的基石。分布式账本技术是区块链区别于其他分布式数据存储的本质，各节点形成的分布式账本记录并构建了区块链的骨架。传统有中心的分布式数据库系统设计了严格的用户权限管理和存取控制，而区块链的分布式账本数据则完全公开透明，链上节点可以随意读取查询数据，因此密码学极客采用 HASH 算法、数字签名、数字证书等密码学技术来保障区块链交易数据的安全性和匿名性。

参与区块链的所有节点共同维护同一份区块链式数据，即分布式账本。不同于传统的账本技术，分布式账本具有去中心化、不可篡改、不可编程等特点，在数字货币、电子存证、供应链中应用广泛。在比特币中，所有矿工在开始挖矿之前先同步账本数据，每一笔交易生成之后进行交易数据的转发，节点将接收到的交易数据存入特定存储区，每收集 10 笔交易就会打包成一个区块数据包开始挖矿计算，挖矿过程中需要监控已经打包的交易是否已经被其他矿工挖矿成功，如有，则替换该笔交易继续挖矿。如果完成指定条件的 HASH 运算，则挖矿成功，转发结果进行节点共识，共识成功后将打包好的区块数据追加在当前区块链的结尾，所有节点开始更新账本数据。

2) 共识机制

共识机制是区块链的核心，能保证在无中心控制下，各节点遵循相同的记账规则，实现分布式数据的一致性。区块链共识机制保证在不同的应用场景下，在决策权高度分散的去中心或多中心化系统中，也能使各个节点高效地达成一致。

共识机制主要解决两个基本问题：一个是谁写入数据，另一个是如何同步数据。区块链中，每个节点都独立维护同一份数据，为了避免数据混乱，必须设计公平的选举机制和合理的激励机制。当被选举的节点写入数据后，其他节点必须准确及时地同步数据，并验证写入数据的合法性，避免数据的伪造及非法写入。不同的共识算法的选举机制不同，在区块链的一次共识过程中，被选举的节点先打包交易构造区块链中最小的数据存储结构即区块，并广播区块数据。其次，全网所有节点根据共识机制对接收到的区块数据进行合法性验证，如果是合法的区块数据，则将其追加在当前区块链的尾端，完成一次数据更新。共识机制是区块链的关键技术，直接影响区块链系统的性能效率、可扩展性和资源消耗。

3) 智能合约

智能合约是一种旨在以信息化方式传播、验证或执行合同的计算机协议。智能合约允许在不依赖第三方的情况下进行可信、可追踪且不可逆的合约交易。智能合约是以数字形式定义的一组承诺，包括各方履行这些承诺的协议。区块链技术的发展为智能合约的运行提供了可信的执行环境。区块链智能合约是一段写在区块链上的代码，一旦某个事件触发合约中的条款，代码即自动执行。目前较为成熟的智能合约支持图灵完备的语言，在此基础上可实现包括差价合约、储蓄钱包合约、多重签名合约、保险衍生品合约等，无须依赖第三方或中心化机构，极大地减少了人工参与，具备很高的效率和准确性。

3. 区块链在智慧校园"一网通办"中的应用

目前区块链技术在智慧校园"一网通办"中主要被应用于储存在校期

间学生的学籍、成绩、科研、获奖和信用记录等，例如学历学位证书信息记录，证书颁发机构将证书数据添加到区块链中作为持久且不可更改的公共记录等。区块链技术与人工智能、大数据、云计算结合将为教育信息化发展发挥更大的作用。

本 章 小 结

本章围绕国家对教育信息化智能化的政策推动，人工智能的时代浪潮，教育信息化 2.0 下高校改革发展的任务要求和"一网通办"优化校园信息服务质量等方面阐述了智慧校园建设的时代背景。针对目前高校在智慧校园建设中的诸多痛点展开分析，得出智慧校园建设在推动教学理念现代化，加速教学管理智能化，促进高校部门数据融合，实现优质教学资源共享等方面的重大意义，并提出一整套集业务办理、数据展示、交互咨询、效能监督为一体的智慧校园"一网通办"建设思路。最后对于智慧校园建设中涉及的关键技术，如云计算、物联网、移动互联网等进行了简要阐述。

第二章 智慧校园数据治理

数据治理是在高校已有的数据建设基础上,遵循数据标准建设、全量数据采集、全量数据清洗、数据集市建设和数据应用对接的技术实现过程,从而进行数据的质量、模型、标签等全维度管理。将现存的数据孤岛、烟囱式数据有效地汇集起来,盘点、规划、获取数据资源,通过 ETL 技术、MPP 数据库技术、元数据技术等关键技术应用,进行数据治理与规范,解决"数据缺乏统一标准""数据采集不全面""数据协调困难""数据资源管理自动化程度低"等难题,提升数据资源的利用率;对全校数据进行汇集治理,实现智慧校园建设中数据的互联互通、信息共享及业务协同;整合学校各个端口数据资源,建设全域数据中心,为"一网通办"提供数据支撑。

2.1 问 题 的 提 出

随着信息化与大数据的迅猛发展,高校作为信息技术发展的前沿阵地,或多或少都进行着大数据的研究和应用,通过数据共享、数据分析、数据挖掘等技术,获取数据深层次的价值。高校智慧校园建设进程中,沉淀产生的数据来自不同时期、不同系统和不同 APP 等,形成了一个又一个的业务竖井,使得高校信息系统中拥有大量的孤立数据与资源,面对数据的治理与利用普遍存在以下四类问题。

1. 数据缺乏统一标准

高校各业务部门在开发或选用各种应用系统时都是单一地追求各自业务的实现,没有从全局视角进行业务数据流分析,缺乏统一的数据标准和规范。业务系统建设过程中,对于数据的质量没有做限制,因此导致高校的数据质量存在各种问题，例如数据项缺失、数据结构化程度低、枚举项无效、表达格式错误或数值错误等。部分制定了数据标准的高校，也因部门间业务的割裂而难以落地实施，各部门使用系统时，不知道数据标准由谁来定，经常自行制定数据标准，造成实际中有多套数据标准在执行，导致数据互通时存在诸多问题，且很多重要数据缺乏有效、权威的来源部门，数据的准确性、及时性、完整性均不能得到有效的保障。

高校各业务部门都按照"自产自用"的模式管理自有数据，导致数据全生命周期管理不完整、同一数据多系统管理、数据不一致、数据冗余等问题日益凸显。

2. 数据采集不全面

高校线上数据内容的收录往往不够全面，一些应用所需的数据并未定时采集，还散落在全校各个系统的数据库中，有的甚至还在线下的电子表格文件中，流转使用非常不便，导致部分应用分析无法给出准确的结果。学校日常运行、管理、决策过程中，几乎每一种活动都与数据息息相关，一站式服务、移动校园、信息门户、微服务、决策支持、软件开发、数据共享、数据填报等各种场景均需要提供数据服务，通过准确翔实的数据来保障各项业务顺利进行，才能减少数据协调所耗费的精力和成本，帮助领导层通过数据分析及时准确地掌握学校的各项情况，为工作决策提供支持。

3. 数据协调困难

数据协调困难，难以充分利用。各业务部门在自己的管理过程中，经常需要用到其他部门生成的数据，在实际的数据协调工作中经常面临"黑盒困境"：不知道所需的数据是否存在，存在于什么地方，如何登录、如何获取、如何解读和如何使用。然而，快速、准确地协同各业务部门的数据，才能高效地完成相关业务。

4. 数据资源管理自动化程度低

高校的数据资源管理自动化程度普遍较低，难以实现"一次治理、长期受益"的长效机制。为此需要使用安全、先进、便捷的技术手段提供数据接口，包括编程接口、数据库接口、消息接口、文件接口等多种在线和离线方式，为各种数据应用场景提供服务。同时，还需要全维度的数据采集、集中和治理，使得数据表达规范，内容准确，维度完整，构建标准统一、分类清晰、质量可信的数据仓库和数据集市。

2.2 关键技术分析与设计

2.2.1 ETL

1. ETL 简介

ETL 是一种为了确保进入数据中心的数据质量而进行的数据清洗技术，其负责将分散的、异构数据源中的数据如关系数据、平面数据等抽取到临时中间层后，进行清洗、转换和集成，最后加载到数据仓库或数据集市中进行存储。ETL 涉及数据从来源端经过抽取(Extract)、转换(Transform)、加载(Load)至生成数据结果的整个过程，目的是将系统中的分散、零乱、标准不统一的数据整合到一起，对数据进行标准化处理。ETL 过程是数据治理的首要内容，其重点工作是了解业务流程、业务模型、需要处理的数据存储情况以及相关规则和策略的设计。

2. 框架设计及实施过程

1) ETL 框架设计

ETL 的框架设计充分考虑了 ETL 的实现过程，在实际应用中也可以根据需求进行 ETL 框架的调整，使其更加适合软硬件环境和业务需求。ETL 框架中五个主要的部分是数据抽取模块、数据转换模块、数据加载模块、元数据管理模块和数据缓存区。具体模块及功能如下：

(1) 数据抽取模块：数据抽取分为全量抽取和增量抽取，前者指将数据源全部数据进行抽取处理，并加载到目标数据库中，后者指仅抽取新增与修改的数据。

(2) 数据转换模块：根据需求对数据进行清洗、转换操作，主要针对数据清洗过程中的脏数据处理。

(3) 数据加载模块：从数据清洗文件加载数据到目标数据库，常用的加载方式有插入、增加和刷新。

(4) 元数据管理模块：设计合理的元数据，实现系统对 ETL 各个环节的清晰定义。

(5) 数据缓存区：用于暂存抽取的数据以及转换模块清洗后待加载的数据。

2) ETL 实施过程

ETL 负责将分散的数据抽取到临时中间层后，进行清洗、转换和集成，最后加载到数据仓库中进行存储。其核心实施过程包括抽取、转换和加载三个部分。

(1) 抽取：从数据采集得到的原始数据源中抽取所需数据，并清洗成符合数据质量的数据。

(2) 转换：按照建立的数据标准对清洗完成的数据进行数据转换，确保数据的一致性、正确性和完整性。

(3) 加载：加载符合要求的数据到目标数据库。

3. ETL 流程框架图

应用 ETL 对现有的异构数据库获取所需的各类型数据，经过异常处理模块进行数据抽取，得到去除脏数据的新数据并存储于数据缓存区，然后经过数据转换模块，生成结构化的元数据存储于元数据库，然后按照数据标准再进行异常处理，最终得到数据中心所需的结构化数据。平台的数据清洗使用 ETL 技术，其流程框架如图 2.1 所示。

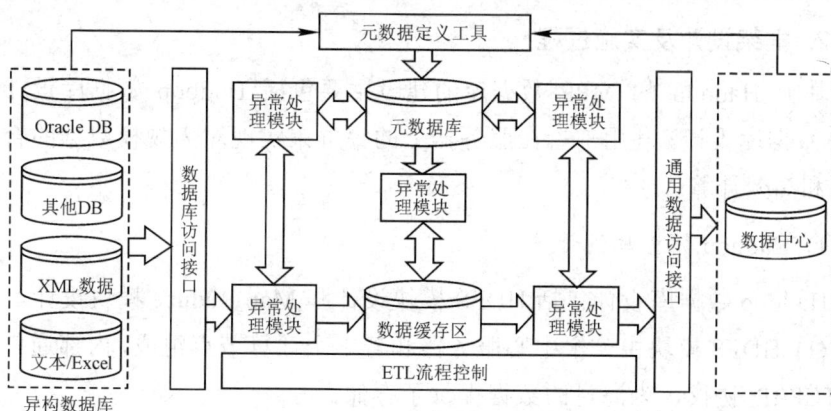

图 2.1　ETL 流程框架图

2.2.2　基于 Hadoop 的 MPP 数据库

1. MPP 简介

Hadoop 是一个分布式的系统基础架构,它通常以批处理模式来支持数据的分析和处理,根据应用的需要按照顺序读取目标数据集的全部或者大部分数据。Hadoop 按位存储和处理数据,通过维护多个工作数据的副本以确保在有节点失败的情况下快速重新进行分布处理,同时以并行方式处理数据,提高处理效率,且能够在各个节点之间动态地移动数据,用以保证节点的动态平衡。另外,Hadoop 支持的数据量大,甚至可以达到 PB 级别,支持上千个节点的线性扩展,有高可靠性、高效性、可扩展性、高容错性等优势,主要应用于新业务或新类型数据产生时数据库的构造和存储。

MPP(Massively Parallel Processing)即大规模并行处理,是为了应对数据处理的压力,面向复杂多表关联等应用场景的分布式并行处理技术。在 MPP 数据库非共享集群中,每个节点都有独立的磁盘存储系统和内存系统,业务数据根据数据库模型和应用特点划分到各个节点上,每台数据节点通过专用网络或者商业通用网络互相连接,彼此协同计算,作为整体来提供数据库服务。MPP 数据库在数据处理方面具有数据处理高、I/O 能力强、扩展能力好、节约存储空间等优势,主要应用于数据采集过程中对获取的结构化和非结构化数据进行存储以及日常数据查询使用。

2. 框架设计及实施过程

基于 Hadoop 的 MPP 数据库的建设主要包括 Hadoop 数据库设计和 MPP 数据库设计。利用部署在服务器上的集群来实现对大规模数据的合理存储和高效计算。

1) Hadoop 数据库设计

Hadoop 数据库设计包括 HDFS 模块设计和 Map Reduce 模块设计。

(1) HDFS 模块由一个中心服务器和若干个计算节点组成,内部通信基于 TCP/IP 协议,为海量的数据提供了存储。

(2) Map Reduce 模块自动将要执行的问题拆解成 Map(映射)和 Reduce(化

简)的方式,为海量的数据提供计算。

2) MPP 数据库设计

MPP 数据库是由一个 Master 主节点以及多个通过高速联通网络进行连接的 SMP (Symmetrical Multi-Processing)服务器组成。其主要步骤如下:

(1) 构建多个 SMP 服务器,每个 SMP 服务器是一个分节点,磁盘存储系统、内存系统以及处理器均为每个节点独有,属于 Share-nothing(SN) 架构,每个节点之间没有任何共享资源且不能互相访问。

(2) 将 SMP 服务器通过高速网络互相连接。

(3) 将任务并行的分散到多个独立的 SMP 服务器上,并行处理用户的请求。

(4) 将各自的结果汇总给 Master 主节点得到最终结果。

3. MPP 存储与处理架构图

MPP 数据库通过构建多个 SMP 服务器,实现分布式结构。每个服务器节点上都有独立的且不与其他节点共享的数据库,这些节点和主机 (Master)之间通过高速通信网络进行数据交互。此外,数据存储采用松耦合的方式存储在节点磁盘上,具有线性扩展及高稳定性的优点。MPP 数据库存储与处理架构如图 2.2 所示。

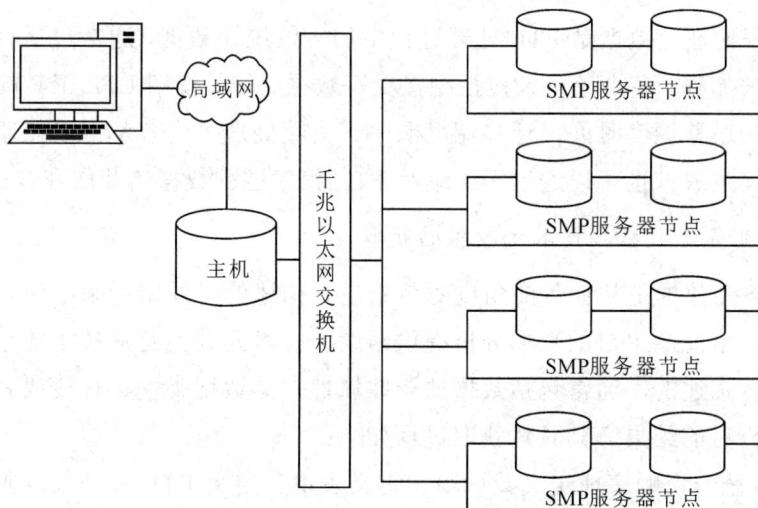

图 2.2 MPP 数据库存储与处理架构图

2.2.3 元数据

1. 元数据简介

元数据是描述信息资源或数据等对象的数据，元数据为各种形态的数字化信息单元和资源集合提供规范、普遍的描述方法和检索工具，其使用目的在于识别资源、评价资源、追踪资源及管理资源。元数据的基本特点主要如下：

(1) 元数据一经建立，便可共享。

(2) 元数据是一种编码体系。元数据是用来描述数字化信息资源，特别是网络信息资源的编码体系，这导致元数据和传统数据编码体系具有根本区别。

(3) 元数据最为重要的特征和功能是可为数字化信息资源建立一种机器可理解框架，主要应用于 ETL 数据处理过程中的元数据生成部分。

2. 实现过程

元数据的获取是 ETL 过程中重要的一部分，主要分为过程处理元数据、业务元数据和技术元数据的获取。

1) 过程处理元数据的获取

过程处理元数据是 ETL 处理过程中的一些统计数据，通常包括有多少条记录被加载、多少条记录被拒绝接受等数据。可以使用 ETL 工具的数据加载，如迁移调度时间、迁移调度顺序、失败处理等内容都可以在迁移工具中定义生成；也可以通过手工编写 ETL 程序进行数据的获取和存储。

2) 业务元数据和技术元数据的获取

业务元数据是从业务的角度对数据进行描述的，通常用来给报表工具的使用、给前端用户的数据分析提供帮助。技术元数据是从技术的角度对数据进行描述的，通常包括数据的一些属性，如数据类型、长度或者数据概况分析后的结果。其具体获取过程如下：

(1) 统一、顺序地定义数据项、定义表单、定义 ETL 和加工规则、定义物理表、定义多维模型、定义展现和结果数据集等应用软件元素。

(2) 设计具有元数据捕获功能的采集接口，及时地将相应的元数据收集进入元数据管理平台。此方法替代了基本元数据管理需要在事后抽取元数据的做法。

(3) 保持元数据的同步，关于数据结构、数据元素、事件、规则的元数据在任何时间都必须在整个数据仓库中保持同步，目的是保证提供新数据服务过程中相应的数据格式改变能够符合标准。

3. 元数据获取结构图

元数据是从众多的数据资源中进行 ETL 数据抽取形成相应的数据仓库，通过数据仓库的数据表分类形成数据集市，进而得到元数据报告，最后将获取的元数据存储于元数据资库中。元数据的获取结构如图 2.3 所示。

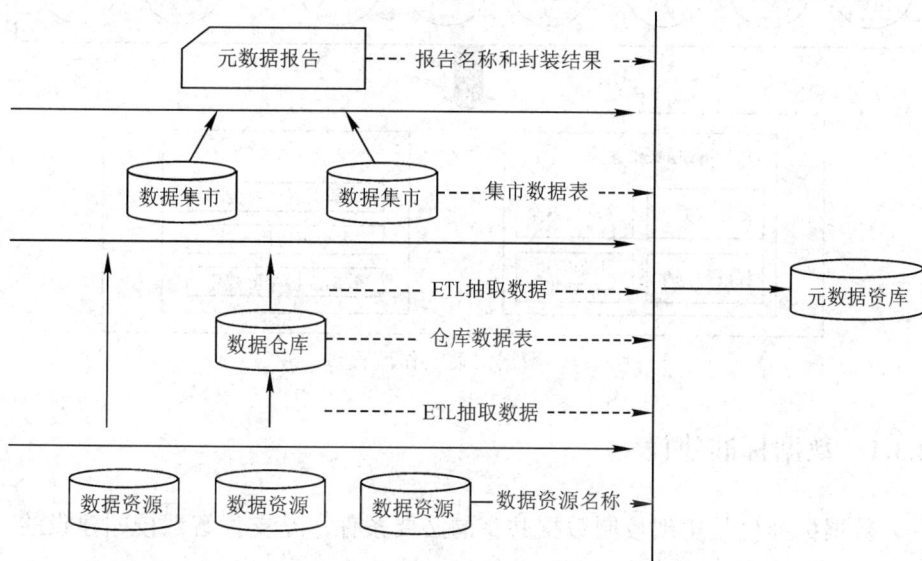

图 2.3　元数据获取结构图

2.3　数据治理过程

数据治理过程是以全量数据资源的整合为核心主线，构建全域数据管理中心。数据管理中心通过制定并完善数据标准体系结构及制定编程规则和代码标准，进行数据标准建设；然后进行数据调研，识别数据类型并且制定相应的数据采集方式,将分布在各个系统、各个表格中的业务数据进行全维度数据采集;对得到的全量数据进行类型识别并按照数据清洗步骤完成数据清洗和标准化。完成数据清洗后,根据业务需求进行封装、组合,建立数据集市,依托数据开放平台向校园各类应用进行开放,完成各独立应用的对接,从而为"一网通办"的运行提供高质量的数据支持。数据治理工作流程图如图 2.4 所示。

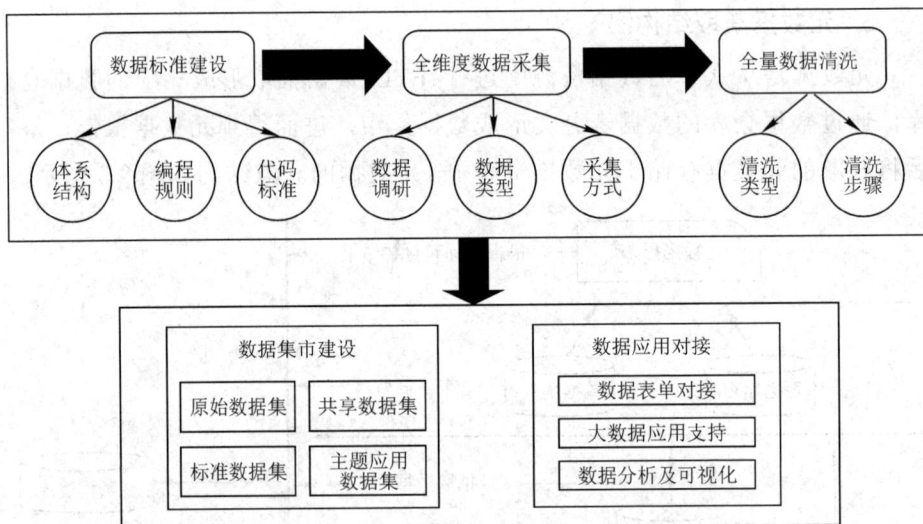

图 2.4 数据治理工作流程图

2.3.1 数据标准建设

数据标准化是实现校园数据共享的必要条件,是支撑智慧校园建设的基本任务,是数据治理过程的第一步。数据标准是以国家标准、教育部标准、行业标准以及学校标准为基准制定的,包含统一规范、概念、术语和代码,主要使用于数据的产生、采集、存储和共享的过程。一个合格的数据标准必须紧跟行业技术的发展,不断拓展和完善,这样的数据标准才具有时效性,才能够保证数据标准和数据管理的规范性,提高数据管理效率。同时在数据共享方面,让数据的统计、分析更加准确,应用、服务更加优质,才能完成数据治理的基础任务,保证数据的共享性和权威性。

校园数据编码标准化是高校信息化建设中一个重要且必要的工作。采用统一的数据标准，解决数据缺值、重复、不一致等数据质量问题，才能有效整合校内分散的数据资源；另外，合格的数据标准在规范管理的同时既方便了学校新的业务管理系统的开发，也为其与现有业务系统的数据集成和共享奠定了基础。

1. 数据标准体系结构

高校的数据标准体系服务于信息标准体系，其体系结构可以通过信息标准体系结构展现。信息标准体系是为了方便系统管理而定义的统一执行标准，主要包括信息标准、编码标准、管理规范、实施规范和维护规范五个方面，是保障校园日常信息存储和共享的基础。

教育信息化标准包含两个部分：共性基础标准和领域应用标准。其中，共性基础标准主要用来规范教育发展过程中教育资源、教育管理、共性技术、公共支撑环境等一些共性需求方面的标准；领域应用标准主要包括与教育信息化相关的基础教育、职业教育、继续教育等领域信息化标准。

通过对学校各部门业务流程的调研，数据管理信息标准的体系结构主要包括八个职能方面的信息管理数据和一个通用/标准数据管理，并且每部分的信息数据管理又由相应的数据子集、数据子类构成，其相应的体系结构如图 2.5 所示。

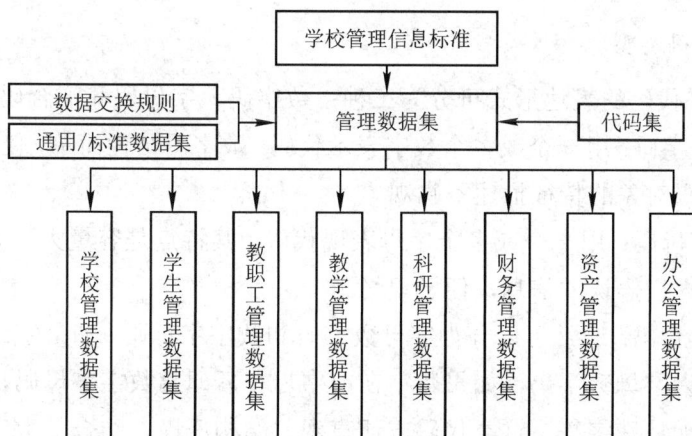

图 2.5　数据标准体系结构图

2. 编程规则与代码类型

在进行数据标准设计时，主要关注两部分内容，第一部分是编码，编码即给事物或者概念赋予代码的过程，要遵循基本的编码规则；第二部分是代码，代码是表示特定实物或概念的一个或一组字符，要符合基本的代码类型。

1) 编码规则

数据标准设计遵循的基本编码规则主要包括：

(1) 唯一性：同一分类编码标准中，每一个代码只唯一表示一个编码对象。

(2) 可扩性：代码结构要为新的编码对象留有足够的备用码，方便适应同类编码对象不断增加的需要。

(3) 简单性：代码结构应尽量简单，长度尽量短，以便节省机器存储空间，减少代码差错率，提高机器处理效率。

(4) 统一性：代码的编写格式、结构和类型应具有统一性。

(5) 适用性：代码须尽量反映描述对象的特性，便于记忆与填写。

(6) 兼容性：考虑到要满足多个部门、多项业务和多种功能，应该兼容国家、教育、行业等多方面标准。

(7) 合理性：代码结构须与信息标准体系结构相呼应。

2) 代码类型

(1) 按代码的表达形式可分为三种：数字码、字母码和混合码。

① 数字码：用一个或多个数字表示代码。数字码结构简单，使用方便，但它对编码对象的特征描述不直观。

② 字母码：用一个或多个字母表现代码，其特点是容量大。字母码可提供易于人们辨认的信息，便于记忆。

③ 混合码：通常可以分为字母数字码和数字字母码，如果字母在前数字在后即为字母数字码，如果数字在前字母在后即为数字字母码，必要时还可以添加特殊字符。这类代码方便直观、结构严谨，结合了数字码与字母码的好处。

(2) 按代码的结构特点可分为三种：顺序码、系列顺序码和层次码。

① 顺序码：按照数字顺序来标记编码对象的代码。虽然它具有方便快捷、简短等特点，但只能起到标记的作用，提供不了别的关于对象的信息。

② 系列顺序码：根据目标代码属性相似的特性，将编码对象分成几个组，在同一组中，编码对象采用连续编码的代码。系列顺序码有易于添加的优点，但是也有空码较多、机器不便处置等劣势。

③ 层次码：按附属层次联系进行摆列构成的代码。层次码具有从属联系严谨、对象类型清晰、容量大、易于计算机汇总等优点。

3) 数据代码集

数据代码集的制定包含两部分：参照标准和自定义标准，参照标准主要供学校自定义标准参考、引入使用，自定义标准才是高校信息化建设中实际使用的数据标准。

(1) 参照标准代码。

在进行信息化标准设计的过程中，主要参考国家标准 28 个、教育部标准 14 个，行业标准 4 个等共计 300 多条数据标准项，部分数据标准参考如表 2.1 所示。

表 2.1　数据标准参照代码表(部分)

标准类型	标准名称
国家标准	GB/T 2261　个人基本信息分类与代码 GB/T 3469　文献类型代码与文献载体代码 GB/T 4762　政治面貌代码 GB/T 6565　职业分类与代码
教育部标准	《教育管理信息化标准》 普通高等学校本科专业目录
行业标准	学校/机构识别码 教学仪器设备产品/物资分类与代码 《中华人民共和国教育行业标准 JY/T 1001》

(2) 自定义标准代码。

自定义标准代码部分包含学校公共标准和业务管理专用标准两个部分。其中学校公共标准包含组织机构代码、人员编码、楼宇编码、专业编码和引用标准五个部分，业务管理专用标准主要包含人事管理涉及标准、科研管理涉及标准、教学管理涉及标准、本科生学生工作管理涉及标准、研究生学生工作管理涉及标准、资产设备管理涉及标准、办公档案管理涉及标准、财务管理涉及标准等八部分。自定义标准代码主要提供给校内业务管理系统使用，其相关标准体系如图 2.6 所示。

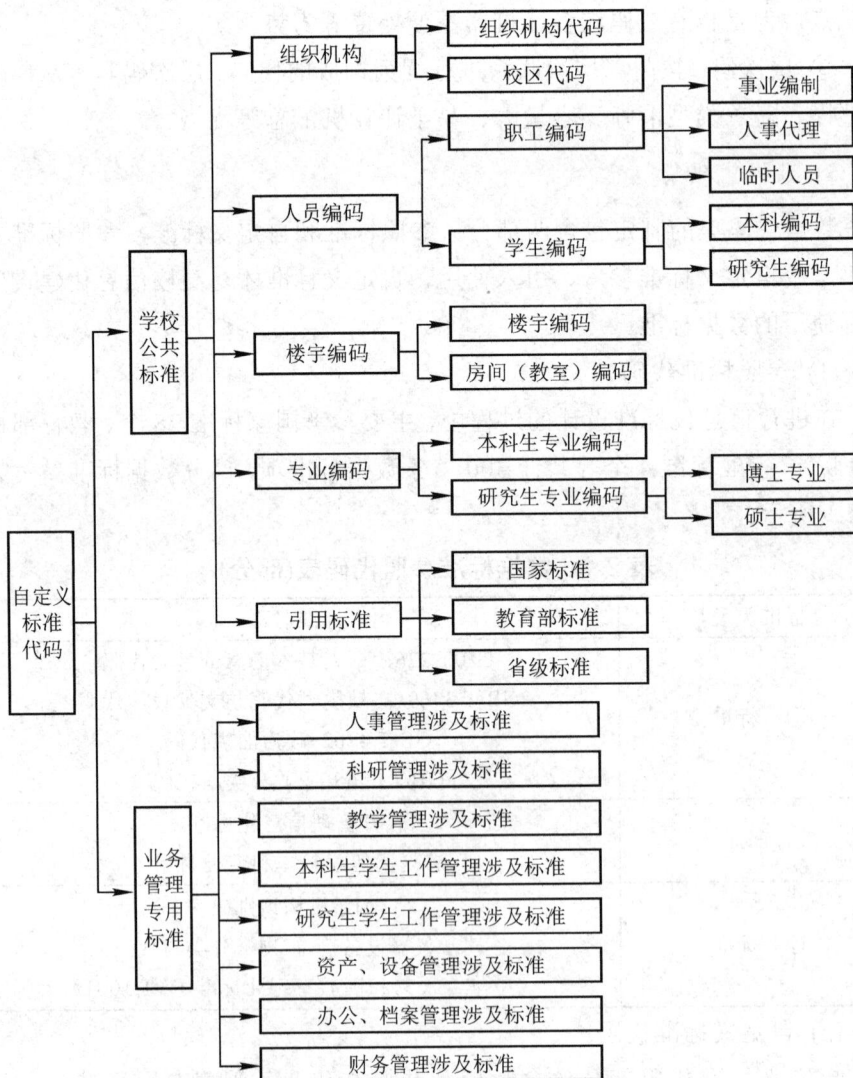

图 2.6　自定义标准代码体系图

4) 元数据

元数据是描述数据的数据，主要是对数据的相关特征进行描述，如数据长度、数据分类、关联关系、更新时间、解释说明等。通过对业务数据进行属性分析建立的系统数据共享元数据标准，来获得数据更具有逻辑性和关联性的描述，对数据编码标准的质量有直接决定作用。

(1) 数据字段属性描述。

数据对象属性描述通俗来说就是数据表字段的描述。主要数据字段包括：编号(对数据字段的编号，1～4 位是数据集英文简称，5～7 位是数据类的序号，8～10 位是数据子类的序号)、字段 ID(相应数据字段的简称，是中文名称拼音首字母缩写)、字段中文名(数据字段中文名称，一般在信息查询/分析时显示在终端)、类型(表示基础数据类型)、长度(数据字段表示的最大字符数)、值空间(对采用的数据标准或者规范进行说明，方便统计和查询)、举例和说明(对数据字段的解释说明，便于理解)。

(2) 元数据设计以数据的应用为出发点，以数据在整个生命周期的流向为引导进行元数据的设计与描述。元数据设计流程图如图 2.7 所示。

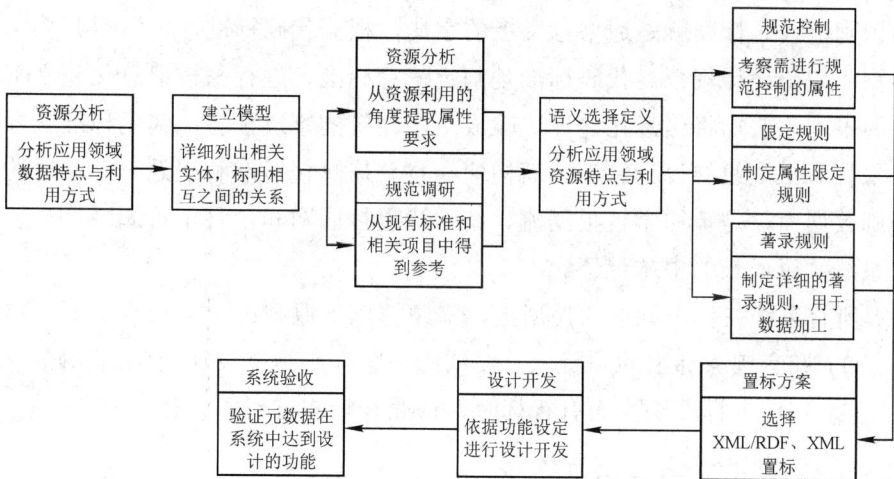

图 2.7　元数据设计流程图

(3) 元数据管理组成。

元数据管理位于数据集成层，主要包含数据源管理、数据对象管理、元数据检测结果以及技术属性一致性检测三个部分。

数据源管理包括数据库系统名称、类型、连接字符串、用户名、是否启用等描述。

数据对象管理包括数据对象名(表名)、数据对象中文名、数据对象分类、是否启用等描述。

元数据检测结果和技术属性一致性检测，主要是根据主数据、业务数据的语义规则，对元数据进行监控并以可视化的方式展现出来，以方便对元数据的错误进行及时的查询和更正。

3. 代码标准

代码标准管理位于数据集成层，包括代码流向规划、标准管理、权限管理、代码标准映射管理、标准检测结果查询等方面。代码标准的提供方负责规划和控制代码流向，主数据管理平台的管理员负责审核代码标准的日常管理和维护，双方配合完成代码标准的制定、维护、集成、监控和分享，并且不断优化统一。

代码标准的实质是一个或者一串有序的符号，这组符号是让计算机与人进行识别的，不同的符号代表着不同的物体，对符号的识别就是对事物的识别，代码标准就是通俗意义上的字典，根据代码标准，可以得到特定事物的代码设计规范。代码标准是制定信息标准、进行高校信息化建立工作的根本，假如将信息化建设比喻成一座建筑的修筑任务，代码标准就好比水管、电缆线的设计施工。而构建一整套信息化标准和规划一个合适的基础数据库，是疏通学校数据流、统一建设校园网和使整个校园网信息管理系统健康成长的根本保证。

所有系统在代码标准的使用上，需遵循以下原则：

(1) 在有国家标准的项目上，要依照国家代码标准设计相应的代码。

(2) 在国家标准缺少而有行标时，依照行标实行代码设计。

2.3.2 全维度数据采集

1. 数据调研

在全校开展数据资源摸底，围绕数据的统一管理，摸清数据的标准问题、来源问题、使用问题、质量问题以及分析需求问题，全面了解和记录各部门的业务范围、流程规则、岗位划分以及数据与业务过程之间的关系等。

数据调研需要了解的信息包括如下几个方面：

1) **业务层调研**

业务层调研主要包括：部门的主要职责、部门科室划分、各科室日常工作程序和负责内容；部门的主要服务对象、针对每种对象的主要业务流程工作涉及的业务操作、产生或变更的业务数据；需要填写的表格(电子或纸质的)。

2) **数据层调研**

数据层调研主要包括：部门使用的业务系统，对应的厂家，包含的功能模块、支持的业务流程，有哪些数据资源，分别由哪些岗位负责，分别由哪些业务过程产生，数据之间、业务流程之间有什么关系，数据流动过程，经过了哪些节点，流动状态、同步结果如何等；本部门与其他部门之间数据更新的频率、同步的时间计划是怎样的；哪些表格文件记录了本部门的重要数据；工作中是否留存历史数据，以何种方式存放，历史数据对日常办公或决策分析起到多大程度影响；业务系统使用的代码表；业务系统是否有数据字典，信息是否正确完整，电子格式或纸质文档。高校数据识别示例如表 2.2 所示。

表 2.2　数据识别示例表

表中注释	表名	表记录数	是否主数据	是否关键过程数据	是否有数据字典	备注
学生选课表	JW_XK_XSXKB	1700460	★		是	记录学生的选课过程记录
学生成绩表	JW_CJ_XSCJB	917920		★	是	记录学生的成绩信息
选课结果信息	选课结果信息	744444		★	否	记录选课信息
板块排课时间表	JW_TXRW_BKPKSJB	9583		★	是	记录周次段、节次、星期几

续表一

表中注释	表名	表记录数	是否主数据	是否关键过程数据	是否有数据字典	备注
排课控制表	JW_PK_PKKZB	8		★	是	记录教室上下限、余量数据
排课时间表	JW_PK_KBSJB	154232		★	是	记录排课时间(周次、节次)排课来源字段较多空值
教师课程指标评价明细表	JW_PJ_XSPJSMXB	78058		★	是	
学生基本信息表	JW_XJGL_XSJBXXB	65833	★		是	比较全的学生基础信息表,但不含入学年份
教学计划课程学时对照表,课程与学时一对多	JW_TH_JXZXJHKCXSDZB	67255		★	是	
教学计划明细	教学计划明细	88511	★		否	无 2014 学年后数据
培养方案课程允许修读学年学期表	JW_TH_PYFAKCYXXDXNXQB	49962			是	
培养方案课程信息表	JW_TH_PYFAKCXXB	40390	★		是	无课程名称
学生其他成绩表	JW_TH_XSQTCJB	39872		★	是	无课程 ID 及名称
学生考试信息表	JW_KW_XSKSXXB	36711		★	是	
课程代码版本学时对照表,课程与学时一对多	JW_TH_KCDMBBXSDZB	36567		★	是	

续表二

表中注释	表名	表记录数	是否主数据	是否关键过程数据	是否有数据字典	备注
教职工信息表	JW_JG_JZGJBXXB	5699	★		是	与教职工基本信息表重复
教职工基本信息表	JW_JG_JZGJBXXB	5158	★		是	与教职工信息表重复
班级代码表	ZFTAL_XTGL_BJDMB	2371	★		是	
培养方案信息表	JW_TH_PYFAXXB	553	★		是	
专业代码表	ZFTAL_XTGL_ZYDMB	236	★		是	

2. 数据类型

建立"覆盖全校、统一标准、上下联动、资源共享"的教育信息资源大数据,打破数据壁垒,实现一数一源和伴随式数据采集。完善教育数据标准规范,促进政务数据分级分层、有效共享,避免数据重复采集、重复填报,优化业务管理,提升公共服务,促进决策支持。全域数据中心要求覆盖的数据维度和内容尽量全面,因此需要对散布在全校的各种有价值数据进行识别和采集。从数据形态上看,主要包含五类数据:

(1) 在线的结构化数据:各个管理信息系统的数据库中存储的数据。主要包括人事、教务、学工、研究生、科研、设备资产、办公自动化(简称OA)、一卡通、招生、迎新、离校、图书馆等系统。

(2) 离线的结构化数据:各个电子表格中记录的数据。

(3) 非结构化数据:各种信息化设备输出的日志类数据,如上网行为、无线登录等。

(4) 物联网数据:主要包含安防门禁、水电控、人脸识别、监控消防等物联网产品的数据。

(5) 外部互联网数据:包括网页、微博、微信等互联网平台上与学校相关的数据。

3.数据采集方式

在传统的数据采集模式下,通常的采集方法是直接访问数据源(通常是SQL数据库)执行数据抽取脚本,将获得的数据按照规定的格式写入数据包或者文件后,发送到数据中心,然后将数据装载到数据中心。"一网通办"项目核心是要构建一个能满足各类大数据分析应用的"数据湖泊",需要构建的"数据湖泊"不仅包含传统SQL数据库的数据,还包括各类线下文件、网络设备、传感器的数据,因此根据高校的需求设计一个大的数据采集平台,能够及时感知和对各类数据进行采集。根据不同的采用模块,设计不同的数据采集组件,针对不同的数据源提供对应的操作界面和采集方式,提高数据采集的效率,其中涉及对数据源的解析、采集方式和存储方式几个关键过程的处理。

数据采集组件是构成数据感知与采集子平台的重要组件,数据采集组件可采用常驻进程或任务驱动运行方式,完成数据采集的功能。

"一网通办"项目设计的数据感知与采集总体方案如表2.3所示。

表2.3 数据感知与采集总体方案表

序号	采集对象	传输方式	采集工具	采集方式	存储方式
1	在线结构化数据	SQL	数据集成软件	批量采集	MPP数据库
2	非结构化数据(日志类数据)	Syslog 文件管道 SNMP Trap	Flum 或 FTP 客户端	流式或文件采集	HDFS文件
3	离线的非结构化数据	EXCEL	离线数据采集软件	批量采集	MPP数据库
4	物联网数据	EXCEL	硬盘拷贝	批量采集	MPP数据库
5	外部互联网数据	HTML	爬虫工具	时段爬取	MPP数据库

2.3.3 全量数据清洗

1.数据清洗类型

通过清洗转换、抽取集成、质量检查和反馈修正完成对全校结构化数据以及非结构化数据的清洗治理服务。

结构化数据清洗：对不符合要求的数据进行正确的处理；删除重复数据，补录不完整数据；纠正错误数据，规范数据格式，完成数据整合。

非结构化数据清洗：对各服务系统、IT设备中采集的格式混乱、含义不清、体量巨大、有效信息密度低、消息维度缺失等日志类数据进行针对性的处理，才能成为有用的数据资产。

2. 数据清洗基本步骤

校园数据清洗主要是对缺失、错误、重复、不一致等不符合数据质量要求的"脏数据"的处理，清洗操作一般包括五个步骤，其数据清洗的基本步骤流程如图 2.8 所示。

1) 数据分析

数据分析作为数据清洗的首要工作，是指通过手动检查、抽样检测等手段检查数据的错误和不一致问题的过程。常规方法对源数据的判断单一，若数据源中数据关系复杂、关联密切，就需要通过一些分析工具来得到源数据更详尽的数据质量分析信息。数据分析针对的对象和应用不同，分析的侧重点也会随之变化。在数据分析方法中数据挖掘通常采用算法方式对繁杂的潜藏数据进行挖掘；而数据派生则侧重对与源数据有关联关系的数据进行详细分析，比如说数据的特征、属性等。

图 2.8　数据清洗基本步骤流程图

2) 定义清洗规则与流程

首先，数据源数量、问题数据的多少、问题数据的错误程度等因素会直接影响数据源的数据分析结果，因此也成了定义清洗规则与流程的关键性因素；其次，在经过数据分析之后，要有相应的查询和匹配语言，数据才能在清洗和转换操作中实现自动转换，并产生相应的数据分析结果，完成清洗规则与流程的定义。

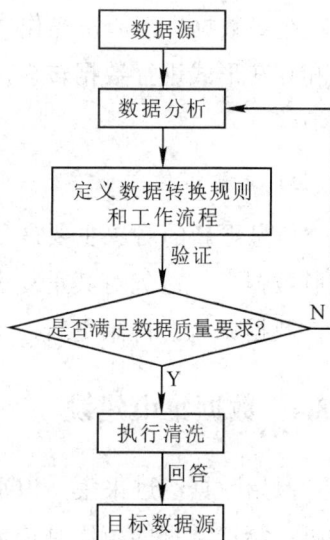

3) 验证

验证环节是数据清洗过程中必不可少的一步，主要是对上一步骤中清洗规则与流程在正确性和有效性两方面的验证。从数据源中抽样数据，经过数据清洗，结合清洗效果返回来对清洗规则和流程加以判断、验证和修改，循环迭代，直到得到准确、高效的清洗规则与流程。

4) 执行清洗

在对数据执行清洗操作之前要备份数据源，然后根据"脏数据"的内容和存在形式进行数据转换，并通过相关数据质量工具(ETL 工具)进行数据清洗。

5) 更新信息

信息更新的对象主要是各个数据源，主要目的是替换数据源中对应的"脏数据"，避免对其重复进行数据清洗操作。因此，每完成一次数据清洗，数据源就会得到更新，留下更符合数据质量和应用需求的数据。

2.3.4　数据集市建设

原始数据经过采集、识别、质量检查、清洗治理之后，就形成了标准数据。标准数据的范围是依据数据标准涵盖的范围确定的。标准数据的数据结构是按照数据标准的内容定义的。标准数据存储在数据库中，数据按照数据标准清洗转换后，依次按照数据子集分类存储到数据库，存储完成后，使用数据治理工具对数据做一轮完整的数据质量检查，使之符合数据标准。然后根据各种具体的业务场景，统计所需数据内容，基于数据仓库进行数据选择、组合、筛选、关联等处理，生成与特定应用对应的数据集合，并放在数据集市层。第一阶段需要完成核心基础数据集定制发布、数据交换数据集定制发布、师生填报一表通数据集发布，第二阶段需要完成身份认证数据集市、迎新数据集市、离校数据集市、成绩查询数据集市、自助打印数据集市、一站式服务大厅发布、移动校园数据集市、职称评审数据集市、年终考核数据集市、课程表查询数据集市等，实现上述数据集市与相关应用系统的对接。

具体的数据集类型如下：

(1) 原始数据集：直接通过采集得到的各项原始数据组成的数据集。作为数据中心的主要数据来源进行识别和采集，必要时，直接注册到数据开放软件，作为高实时性场景下的数据资源，向目标应用开放数据(例如移动校园应用中实时查询一卡通余额)。

(2) 共享/集中数据集：由原始数据集采集后生成。其中共享数据集作为中间库，由 ETL 进行调度运输，用来实现各系统之间的交换共享。集中数据集则包含更全面的数据范围，作为数据原料，通过数据治理过程生成标准数据。部分数据可能来自线下采集的电子表格数据，主要由 ETL 程序进行读写，也可直接注册到数据开放软件对外发布使用。

(3) 标准数据集：由共享/集中数据集通过数据治理过程生成。标准数据集的分类、元数据结构、代码表严格遵循数据标准的定义，符合完整性、准确性、权威性要求，还将纳入日志类数据和互联网采集的数据。标准数据集作为学校的全域数据中心存在，并进行存档、历史留存等处理，一般不对外直接发布，但必要时可以注册到数据开放软件发布。其主要应用场景是综合校情分析，通过数据库连接发布到 BI 软件，进行数据分析和可视化呈现。

(4) 主题应用数据集：由原始数据集、共享/集中数据集和标准数据集根据数据需求进行组合、集成、统计、筛选等处理后生成。该数据集可分为以下两类主题：

① 根据每一个特定的实际业务需求场景(例如迎新、毕业离校、职称评审、服务流程、报表填写等)定制数据集合，以正好满足业务所需为目标，数据结构尽量整合简化，数据内容不少也不多且符合数据标准，满足准确性、权威性要求。

② 根据数据使用的高频、共性化需求，生成特定的数据集合，用于常规、高频的数据访问需求，例如学生基本信息表、学生成绩表、一卡通消费流水表等。注册到数据开放软件，作为面向特定场景的数据资源，向目标应用开放数据(例如移动校园应用开发)。

(5) 预处理计算数据集：针对海量计算、建模分析等场景，需要对明细数据进行事先的预处理，包括统计、汇总、筛选、建模等，再供应给应用端。这种方式缩减了数据规模，提高了应用程序的响应能力，简化了应用端的开发设计。

2.3.5　数据应用对接

数据应用对接将数据仓库层、数据集市层的数据通过数据开放平台进行发布，实现数据与应用的对接，打通数据孤岛，发挥数据价值。

1. 数据表单对接

高校各工作岗位可以通过表格下载方式使用数据，满足日常的报表数据填写等需求。按照现有业务架构设计不同颗粒度的数据服务，进行数据存储与共享，对外输出数据服务内容，应用于"一网通办"应用端各功能支撑，真正将"数据资源"变成"数据资产"。

通过数据自动比对填充，完善业务办理中各类填报表单数据，并且通过对表单数据读取以及业务数据分析，尽可能地减少用户重复填表现象，实现校园服务"一张表"甚至"零张表"，提升用户服务体验感。数据表单自动对比填充应用服务示例如图 2.9 所示。

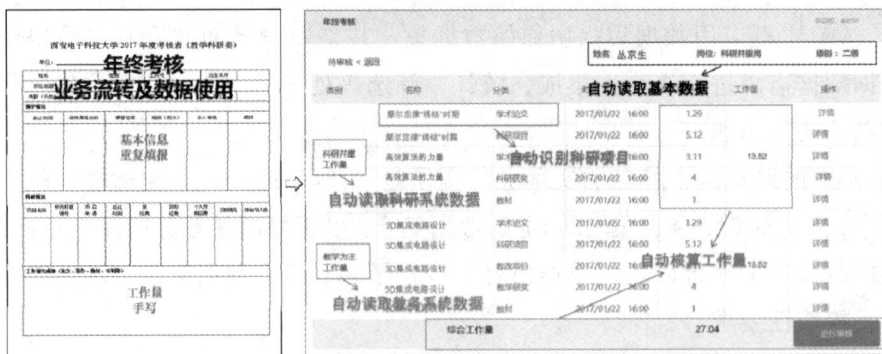

图 2.9　数据表单自动对比填充应用服务示例图

2. 大数据应用支持

基于学校学生及教职工信息、教学、科研、财务、资产、招生、就业、一卡通、网络、图书馆等各类数据的分析和不同层面的展示，建立完善的指标体系，通过大数据的多维模型构建及呈现方式的建设，对校园数据进行深度研究与价值挖掘。校园大数据应用如图 2.10 所示。

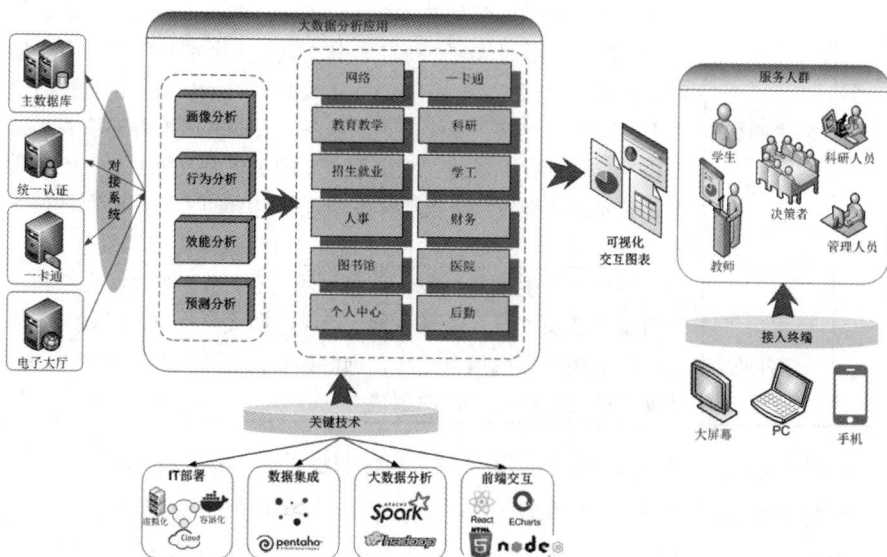

图 2.10 校园大数据应用

3. 数据分析及可视化展示

数据分析应用示例如表 2.4 所示。

表 2.4 数据分析应用示例表

序号	软件名称	描　述
1	数据服务大屏展示	提供直观全面的数据治理工作展示页面，快速了解当前数据状况和问题： 1. 呈现已接入业务数据的质量评分状况，查看质量评分趋势。 2. 呈现各部门数据标准的建设情况，数据标准和代码标准分布情况。 3. 呈现数据资源体量，可展示数据、数据仓库、标准库中的表、记录和元数据资源量。 4. 展示数据同步任务情况，查看接口数量、同步失败次数以及同步任务数，同时支持趋势的查看，可自定义时间范围。 5. 呈现校级数据拓扑地图，可直观数据间的链路关系，支持钻取查看数据明细。 6. 按部门统计展示数据质量问题分布及问题趋势等

序号	软件名称	描　述
2	师生画像	通过采集教师和学生基本信息、人事、学工、教学、生活、科研、财务等方面的信息，利用集中式的个人全量数据服务中心提供全面的数据展示，形成高校师生大数据展示分析，建立教师学生个人的数字档案，并提供下载服务，让师生在校内外填表时无需再次重复查找和填报，减少不必要的工作量。同时基于历史数据，形成总结报告，让教师学生增强对自身的了解，更为直观地对个人的教学、科研、学习、生活等过程做出总结和提升
3	师生填报一表通	主要解决师生重复填报各种表单的问题，通过对数据仓库和流程引擎以及表单设计引擎打通，形成一站式填报审批的结果，让老师能够快速完成填报工作，同时结合纠错补录提升数据质量，帮助老师走出填报工作的困境

在已有的师生数据中从广度和深度综合对比分析，建立包括基础信息、兴趣爱好、社交关系和重大事件在内的教师及学生的全生命周期画像，为今后更加复杂的分析奠定基础。针对各类数据，科学有效地进行数据分析以及挖掘，通过领导驾驶舱的形式以各类图表、表格等方式直观展示分析成果，为业务系统以及部分决策提供有效支撑。

2.4　数据治理效果

2.4.1　构建统一的支撑业务数据平台

通过数据治理，完成了学校处级单位、科室和分类别业务系统数据的全面调研，建设了较完善的数据仓库体系。治理过程显著增强了信息中心对数据资源的理解和管理能力。例如，明确了所有主要业务过程与数据之间的关联关系，所有字段均有业务注释，所有引用代码的字段都明确了代码引用关系，所有数据的来龙去脉都已经梳理清晰。而且，原先需要从视图中获取数据，经过治理之后继续向前回溯到原始表中，减少了对视图的依赖，数据的原生性、及时性得到了保障。

数据仓库的数据资源，通过"统一数据开放平台"向各个应用提供服务。与传统的基于数据库服务提供的数据供应方式不同，全新架构的"统一数据开放平台"建议开发者以 API 接口作为数据调用的首选方式。这种方式对于一网通办、微服务应用、移动校园等轻量级的应用开发具有明显的优势。通过 API 接口供应数据时，程序通过 API 调用 JSON 格式的返回数据，不需要在本地建数据库，实现了轻量级架构。同时，API 访问获得的就是远端的实时数据，不经过本地数据缓存，因此是最新的实时数据，没有数据同步的延时问题。而且，统一数据开放平台将不同来源、不同架构的数据进行了统一的 API 封装，屏蔽多数据源、多物理表、多查询渠道、多出口供给的复杂性，无论是来自一线业务系统的数据，还是来自共享库的数据，还是传统方式难以处理的日志型数据都通过 API 封装实现了透明化访问，客户端程序无需再去考虑复杂的数据底层架构问题，实现了数据与程序的松耦合架构，从而帮助开发人员实现了快速开发和快速应用上线。

在数据管理层面，技术人员不再需要定义大量的视图和接口，只需要在数据开放平台中轻点鼠标即可实现自定义的 API 生成，并通过在线流程向数据使用者进行授权发布，实现了应用程序对数据的访问，让数据中心的管理人员可以从传统的查找表格、定义视图、提供接口、同步数据的繁重工作方式中解脱出来，大幅度降低了数据协调的难度。应用上线后，统一数据开放平台还对数据调用的情况进行实时监控，例如，为了防止某些高频应用对数据源造成太高的访问负载，平台可以限制某些 API 在单位时间的访问频次；为了防止恶意用户对数据源的攻击，平台可以限制 API 访问的原 IP 地址或域名，对恶意访问直接阻断；为了控制应用访问数据的方位，可以限定对特定字段的访问、限定数据的取值范围等等。这些方式均是原来的数据库访问方式难以实现的安全策略。

当然，对于比较传统的重型应用，统一数据开放平台也提供 ETL、数据库连接等传统方式，以支持高强度、低延时、大批量的数据访问。对于个人用户，统一数据开放平台还支持数据文件在线下载的方式供应数据。因此，统一数据开放平台兼顾了各种数据访问需求，成为了智慧校园的核心数据管理和发布引擎。数据管理人员可以将更多的精力放在数据资产质量的把关和数据资产本身的建设上，让数据成为真正意义上的校级战略资产，更有力的支撑各部门的需求，从而推动教育智慧化战略。例如，西安电子科技大学信息化建设过程中，数据治理取得了丰富的成果。截至2019年，统一数据开放平台上线不到2年时间，就已经取得明显成效。在此之前，每个应用开发期间，开发团队和数据管理人员以及与该业务相关的部门，都要耗费巨大的精力和时间来沟通数据需求、协调数据格式以及识别数据内容等。但统一数据开放平台上线后，数据协调效率明显加快，数据管理员不再花费大量精力用于数据协调，比之前的时间精力支出减少了80%以上。同样，对于各个应用开发厂商，协调数据所花费的时间也显著减少，应用平均上线时间从之前的11个月减少到了3.5个月。西安电子科技大学数据开放平台运营情况如表2.5所示，西安电子科技大学部分应用使用数据情况如表2.6所示，数据统计示例如图2.11所示。

表2.5 西安电子科技大学数据开放平台运营情况统计表

时间	数据开放平台发布 API 情况	应用上线情况
2018 年 4 月份	数据开放平台上发布了 70 个 API	支持了 13 个应用上线
2018 年 9 月份	数据开放平台上发布了 133 个 API	支持了 27 个应用上线
2019 年 2 月份	数据开放平台上发布了 211 个 API，总调用次数超过千万次	支持了 51 个应用上线

表2.6 西安电子科技大学部分应用使用数据情况统计表

序号	部分应用展示	开发商	调用表(API)数量	授权字段	调用次数
1	无纸化会议系统	比邻品意科技	3	20	1 376 777
2	移动校园	瑞雷森科技	48	788	102 853
3	一站式服务大厅	江苏金智	1	65	27 379
4	学工答题系统		1	11	357
5	教师聘岗系统	中融科技	2	102	6664
6	高校外事引智工作服务系统	东方博冠(北京)科技	2	28	23 690
7	W 竞价网	广州高采技术	2	24	2274

续表一

序号	部分应用展示	开发商	调用表(API)数量	授权字段	调用次数
8	西安电子科技大学竞价采购网	成都思必得软件	2	119	5630
9	资产服务平台		3	161	908
10	财务接口		1	11	34 180
11	在线考试系统	数学与统计学院	3	20	169
12	督察督办系统	宁夏西诚软件	4	67	1082
13	青葱校园直播	学生群体	5	54	248
14	西电研院学生能力平台	深圳脚印科技	2	8	1069
15	希嘉数据超市	XJ数据超市	1	4	9
16	freel ink	西电mobisys实验室	4	225	939
17	海康录播系统	海康威视	15	385	2124
18	bims海康人脸识别		5	63	32 692
19	学校体育综合管理信息系统	西安博信信息科技有限公司	3	141	203
20	档案馆电子文件归档平台	北京海泰方圆科技股份有限公司	1	8	24 736
21	高校平台	广州市奥威亚电子科技有限公司	6	79	63 602
22	就业系统接口	成都易科士信息产业有限公司	8	146	46
23	超星平台教务数据对接	北京超星公司	27	535	8 658 210
24	学生管理系统web端	合肥申祥灵聘科技有限公司(趣拓校园)	11	85	201
25	获取基本人员信息	北京完美视通科技有限公司(课堂互动)	17	215	82 564

序号	部分应用展示	开发商	调用表(API)数量	授权字段	调用次数
26	ROOMIS 电子班牌	西安智园软件开发管理有限公司	20	381	14 433
27	书窝	杭州掌图信息技术公司	2	11	11 111
28	一站式服务门户用户管理	西安众擎电子科技有限公司	8	97	7752
29	校园公共安全预警分析系统	北京希嘉创智教育科技有限公司	21	68	16 250
30	仪器共享系统	设备管理处	4	225	5486
31	云会通(学术会议网站平台)	上海同众信息科技有限公司	2	7	4327
32	习近平精神学习答题系统	校内开发者	1	7	3262
33	课表查新	校内开发者	1	10	3485
34	西电论文采集管理和分析系统	校内开发者	4	332	2866
35	datadocking(领英)	沈阳优诺科技	5	53	2099
36	周课表	北京智麒科技有限公司	9	190	1217
37	星火杯报名网站	校内开发者	2	62	824
38	宿舍管理系统	西安诺格信息技术有限公司	8	93	661
39	组织同步	广州致远电子有限公司	4	333	483
40	本科生周课表	北京智麒科技有限公司	2	12	269
41	雨课堂	北京慕华信息科技有限公司	15	48	253
42	教务考勤数据同步	新中新电子有限公司	23	121	225
43	实验室安全考试系统	实验室	5	187	105

续表三

序号	部分应用展示	开发商	调用表(API)数量	授权字段	调用次数
44	全国高校竞价网	广州高采技术	2	8	46
45	资产采购系统	成都思必得软件	2	28	16
46	网站数据库权限	校内开发者	3	11	0
47	学生管理系统	合肥申祥灵聘科技有限公司	5	20	0
48	图书馆云资源数据分析系统	邦道信息技术有限公司	7	67	0
49	出国境交流学习平台	上海海读教育科技有限公司	4	54	0
50	大学教材与数字资源精准服务平台	山东畅想云教育科技有限公司	4	8	0
51	门禁系统读者照片	上海盛卡恩智能系统有限公司	1	4	0
	合计		206+	6000+	100075+

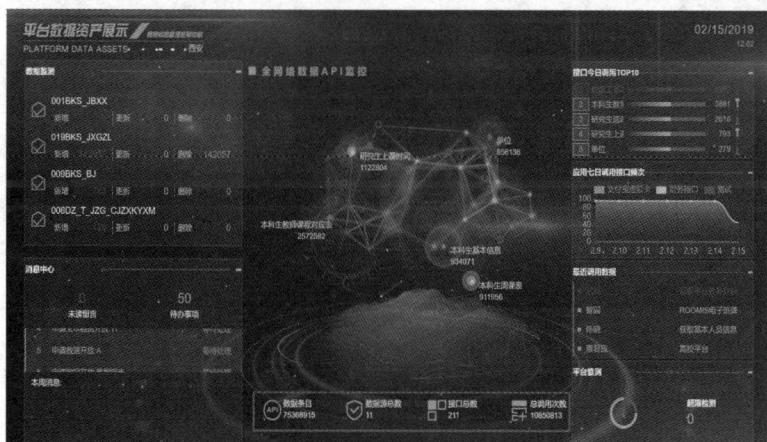

图 2.11　数据统计示例图

2.4.2　实现数据全生命周期管理

数据的全生命周期管理是为了建立规范、打通瓶颈、数据互通和实时共享，是通过"数据资产目录"将数据管理从单纯的技术操作层扩展到"技术+业务+管理"的复合模式，将数据管理的参与者从信息中心推广到全校各个部门、各个岗位和广大师生。数据全生命周期管理结构如图2.12所示。

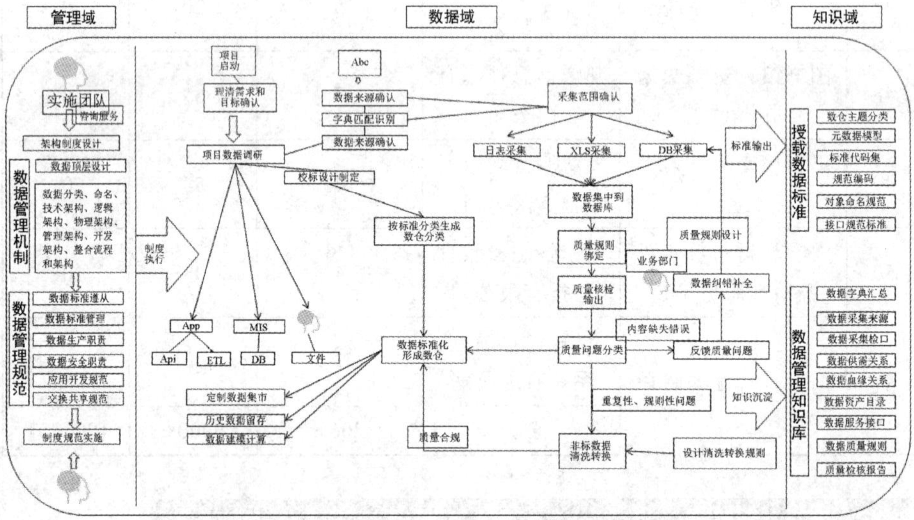

图 2.12　数据全生命周期管理结构图

对于数据中心，能够以全局视角洞察数据在其产生、流动、留存、调用、变化、归档过程中的全生命周期状态，能够看到各部门在数据使用、维护、变更过程中的参与程度和状态反馈，能够对数据的质量、体量、更新及时性、标准规范性进行方便的管理，能够高效安全的将数据提供给需要使用的用户，能够将高质量数据服务于综合性管理事务，例如一网通办、数据补录或决策支持等，充分发挥全量数据的价值。

对于各职能部门，能够方便的查看、浏览、使用数据标准和数据资产，履行本部门数据的供应职责，对数据质量问题、数据填报需求、数据纠错申请进行处理，方便调用所需的数据，了解数据流动的方式和状态，执行数据操作的规范和要求，让数据更好的支持部门管理过程，从而提升管理水平和管理效率。

对于广大师生，可以方便查看自己在学校的各种数据，当业务办理不畅时能够查看数据的流动状态和故障原因，认识到数据及其流动过程影响着每一次事项办理和每一个管理过程，体验到数据服务的沉浸感、氛围感。以西安电子科技大学为例，截至 2020 年 5 月，全校数据资产基本理清，实现数据产生、采集、汇集、分类、应用全生命周期管理，15 个部门的 313 张表、7406 个数据项核心数据全量采集，建成教职工个人常用数据一张表，数据交换达三千万次，西安电子科技大学数据全生命周期管理过程如图 2.13 所示。

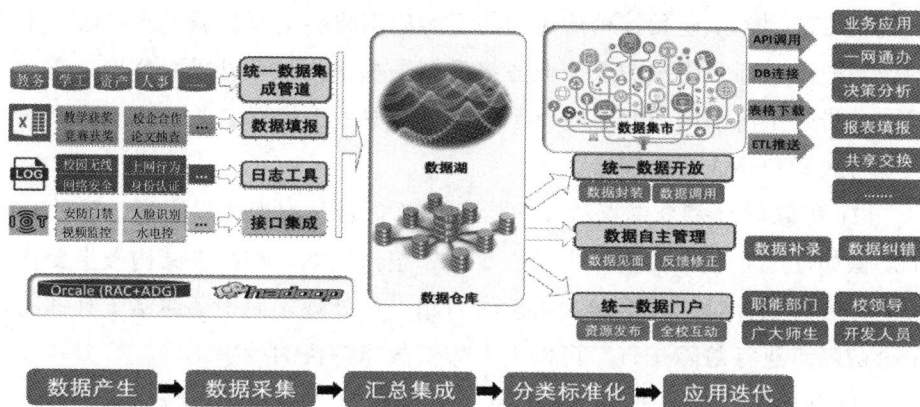

图 2.13   西安电子科技大学数据全生命周期管理过程图

"数据资产目录"上线后，之前数据管理工作状态得到了显著的改变，数据管理过程中的工作压力得到了显著减轻。

(1) 对业务部门的价值：了解故障原因，采取最高效的措施解决。

对于业务部门而言，之前出现数据更新问题时，只能向数据管理部门反映，一旦临时找不到人，或数据管理部门未能及时查找到原因，将导致用户办事流程受阻，面临抱怨甚至投诉。通过全流向信息的呈现，可以自己识别数据流向状态，查看故障原因，直接联系相关责任单位以最快速度解决数据流转问题。

(2) 对数据管理部门的价值：减轻工作压力，全局优化数据流向和基础架构。

同样，在实现该功能之前，任何部门或个人碰到的数据流向故障都只能向数据管理部门反映，数据管理部门不得不经常登录数据库检索数据和登录 ETL 软件检查故障来定位问题，工作负担繁重，工作压力大。通过实现该功能，每个部门或个人都能够在数据资源目录界面中了解数据流向状态和故障，减轻了数据管理部门相关工作人员的工作压力。

另外，对于数据管理部门而言，全局的数据流向信息则具有更加广阔的管理视角，更加具有管理和运维上的重要性。可以实现的管理能力有以下几种：

(1) 可以预见性的判断数据和业务可能出现的问题。例如，如果早上发现某 ETL 失败，则预计稍后对应的下游应用将会出现数据更新失败带来的业务故障，部分用户的服务业务将受到影响。此时可以采取公告、通知等方法告知下游部门或服务对象，也可以采取手工执行 ETL、线下数据导入等方式紧急完成数据同步。

(2) 可以联合多个单点故障的信息判断是否是因为全局因素导致的故障。例如，ETL 服务的整体失效、数据库整体失效、数据表结构发生变化等。此时可以针对这种更加本质性的问题进行处理，而不必纠结于具体的单个故障点进行故障排查，可以大大加快故障解决的效率。

(3) 可以在一个较长时间段内跟踪大量数据流向信息，从而从整体上观察 ETL 任务的先后顺序、执行时间、执行周期设置的合理性，数据库性能表现，为优化整个数据流向结构提供重要的技术信息。

(4) 如果 ETL 本身运行正常，但经常出现数据更新问题，则最大的可能性是数据源端业务系统的运行、管理有问题。例如岗位人员设置不合理，未能及时执行业务流程，工作效率需要提升、流程需要优化，MIS 系统功能不完善，或者内部环节过多且没有及时将更新的数据推送到中间表中。这些信息对于优化部门管理、岗位编制、业务系统功能升级改造提供了有效的参考。

2.4.3 提供全功能数据连接

全域数据中心建设完成后，通过四种数据连接功能向应用系统和个人用户提供应用数据：

(1) API 调用：开放特定数据接口(即 API)的访问权限，将数据通过 API 网关封装成 Web Service 接口，供应用程序通过代码调用数据。这种方式主要面向一站式服务、移动校园、微服务等新型、轻量级应用对数据的快速调用。

(2) 数据库连接：开放部分数据表的连接权限，供应用程序通过数据库客户端程序直接连接到数据库上读取数据。这种方式主要面向数据可视化平台、决策支持平台、传统的大型业务系统进行高强度、重负荷的数据调用。

(3) 数据推送：通过 ETL 软件将各个应用所需的数据推动到中间库中。这种方式主要面向传统的业务系统基于中间库实现数据同步共享。

(4) 电子表格离线下载：将数据表转换成电子表格文件供使用者下载后离线使用。这种方式主要面向全校各管理岗位进行填表、数据输出时使用。

2.4.4 提供全场景数据服务

通过全域数据中心和全功能数据连接，可以支撑智慧校园的全场景数据应用，主要表现在如下几个方面：

(1) 数据分析和可视化。向数据分析和数据可视化平台开放数据库连接，可以快速生成数据图表，帮助管理人员和决策机构洞察数据背后的现象和规律，生成决策依据。另外，通过统一数据开放平台的数据计算能力，可以为数据分析和数据可视化平台提供大体量数据快速聚合、统计的能力，提高应用程序的响应速度，减轻计算负载，如图 2.14 所示。

(2) 数据建模分析和数据挖掘。向各个软件开发组织、算法平台开放数据库连接或 API 接口，可以将数据分成训练集和测试集，为数据挖掘、机器学习、深度学习、人工智能等系统提供所需的数据素材。

(3) 移动校园调用。将 API 接口开放给移动校园，可以为各种微服务场景提供轻量级、快速响应的数据支持，例如课表查询、成绩查询、成绩单打印、一卡通余额查询、借还书查询等。

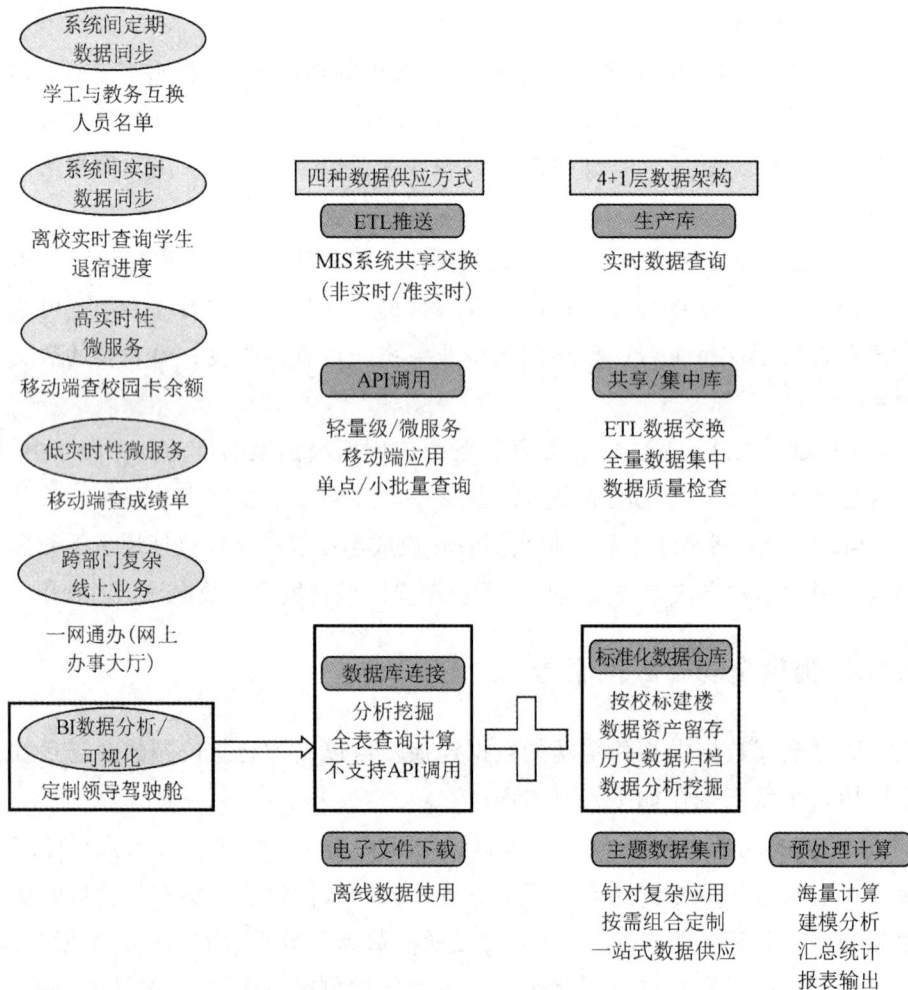

图 2.14 数据分析和可视化服务说明图

(4) 报表填写支持。将数据转换成电子表格后，向各岗位工作人员开放，按需下载。工作人员可基于这些表格中记载的准确、全面的数据，为本科评估、高基表填报、审计数据填报等报表填写提供快速的数据支持。

(5) 系统间数据同步。通过数据推送功能，将各个应用所需的数据推动到中间库中，实现系统之间的数据同步共享，从而真正消除数据孤岛，包括系统间定期数据同步和系统间必要信息实时性同步。系统间定期数据同步服务说明如图 2.15 所示，系统间实时数据同步服务说明如图 2.16 所示。

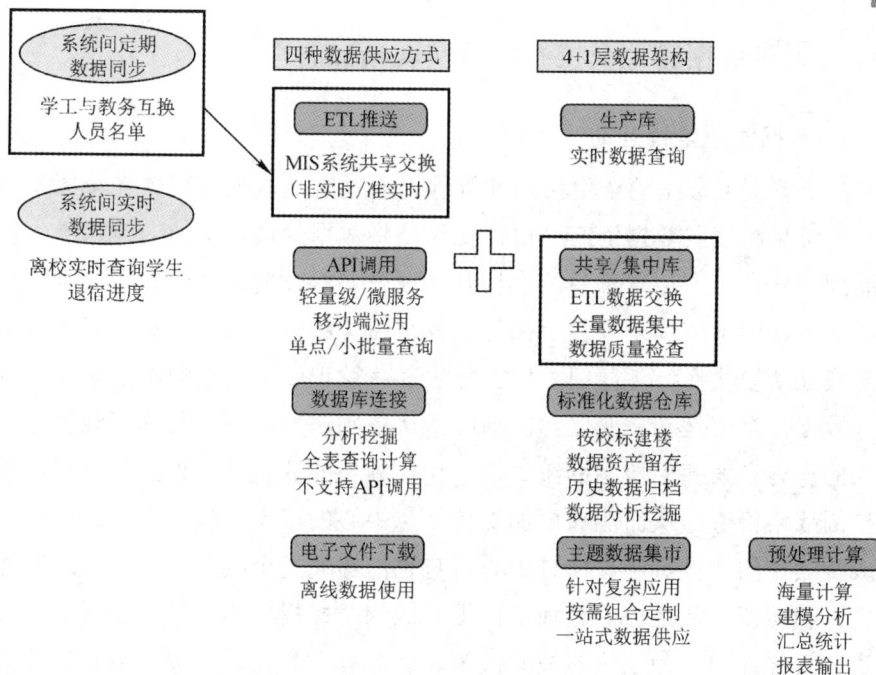

图 2.15 系统间定期数据同步服务说明图

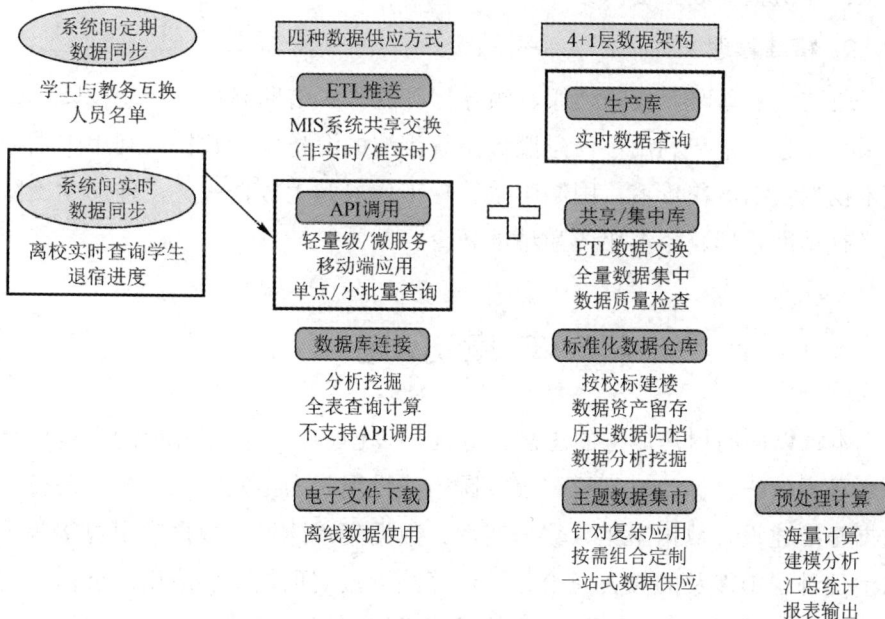

图 2.16 系统间实时数据同步服务说明图

2.4.5 促进数据管理全校互动，实现精准管理

1. 数据管理全校互动

在全校实现数据的全生命周期管理，通过智能数据门户软件将原本对用户不可见的底层数据资产"白盒化"，将数据管理从单纯的技术操作层扩展到"技术+业务+管理"的全校互动模式，将数据管理的参与者从信息中心一个部门推广到全校各个部门、各个岗位和广大师生。数据资源在全校形成互动模式后，各部门、广大师生都将意识到数据资源的重要性，认识到数据在全校是动态变化和流动的，认识到信息中心在数据资源管理中投入的努力和发挥的核心枢纽价值，让校领导能够充分认识到数据资产对全校的战略价值，从而能够更加支持信息中心的工作，投入更多的资源，形成持续性的建设机制。信息中心自身也能够通过全校互动过程实现职能的提升和转变，从之前的教辅部门提升成为全校提供高质量数据服务的核心资产管理部门，为学校的战略决策、综合竞争力提升、双一流建设等核心工作提供重要数据资源。

2. 精准管理

通过学生画像、教师画像、领导驾驶舱等，借助高校数字化校园基建成果，充分收集和利用各信息服务系统沉淀的海量学生数据；利用大数据技术挖掘数据潜在价值，围绕学生管理工作展开大数据服务，辅助学工队伍进行精准管理、精准服务和精准教育。

本 章 小 结

本章以面向用户服务的思想为导向，以创造一个高度开放的高校信息化环境为最终目标，以高校智慧校园的建设现状为出发点，探讨了高校在数据标准建设、数据采集、数据清洗、数据集市建设、数据应用对接等数据治理过程中涉及的相关理论、关键算法以及实现技术和应用。展示了智慧校园"一网通办"的数据治理效果，详细介绍了已构建的统一支撑业务

数据平台的功能和服务；描述了数据全生命周期管理的结构；呈现了平台提供的全功能数据连接，提供多种方式供用户进行数据的访问和获取；同时对提供的全场景数据服务，例如数据的可视化分析、系统数据同步、报表数据支持等服务进行了说明。数据的有效治理可以为智慧校园的建设提供数据支持，并在一定范围内具有通用性，建立各部门之间的联系，改变各自为政的情况；为平台的统计分析、流程服务、智能决策提供准确有效的数据支撑，为其他高校的数据治理提供参考；通过高质量、高效率的信息化建设，加强各大高校之间的学术和管理交流。智慧校园的数据治理工作，一方面减轻了管理压力，另一方面也充分体现了全数据的价值，既促进了数据管理的全校互动，也实现了对数据的精准管理。所以，数据治理的实现具有一定的现实意义和实际价值，积极地应用和维护数据资源，将给我们的科研、教学、管理以及服务的发展带来顺畅的进阶之路。同时，数据有效治理是实现智慧校园"一网通办"业务梳理的必备前提条件。

第三章 智慧校园业务梳理

业务梳理是对全校各类业务进行调研，以业务梳理标准、事项信息采集、事项整合优化和事项入库管理为实施过程，配合高校对校内各部门业务进行梳理，理清权力清单、责任清单和服务事项清单，规范事项名称、办理条件、办理时限以及办事流程等。业务梳理以校园数据治理为基础，在业务梳理过程中通过 SIPOC 核心流程识别法、基于 BPR 的 ESIA 业务流程优化法等关键算法的应用，解决"事项、表单资源缺乏统一管理""跨系统协同办公业务重叠""业务处理进程缺乏有效追踪""线上业务综合办理平台缺失"等难题，达成全校统一事项、统一标准和统一编码。业务梳理是智慧校园的建设基础，为实现"一网通办"的全流程流转与监督提供标准的业务规范支撑。

3.1 问题的提出

高校智慧校园建设过程中，普遍存在大量琐碎的统计内容，如即时性表单、非流程类事项等，导致智慧校园建设中存在着线下业务繁杂、管理原始、表单协同缺失、部门服务割裂以及效率不高等问题，主要原因则是学校各部门人员无法对学校事项、材料、服务应知尽知。目前，高校智慧校园建设在业务流程建设过程中存在以下四类共性问题。

1. 事项、表单资源缺乏统一管理

高校用户急需解决事项办理过程中存在的各部门事项和表单不清晰、资源调用困难的问题。学校的事项都分散在各部门不同的业务系统中，包括但不限于学校老的信息化平台以及线下的一些分布。对于校园用户来说，

每一个部门的事项表单数量、归属科室、事项审核人员、事项办理方式、事项关联表单、事项网办程度及事项办理渠道、此事项是否有材料的备案和存档等并不完全清楚，学校对于这些事项没有一个统一的部门来管理，校园用户想要知道相关问题需要去不同的部门询问。另外，在办理事项时，用户填过的表单材料需要经过很多审核环节，若要获取过去填写的表单材料还需要找相关业务部门开介绍信，这样就会浪费大量的时间，耗费大量的精力。

2. 跨系统协同办公业务重叠

高校管理教师在学校进行跨系统的协同办公业务，急需解决本部门事项表单、关联事项表单及跨部门、跨系统复杂事项表单与学校其他业务部门的协同办公、材料交互、流程融合等问题。对于高校管理教师来说，在日常工作中需要处理部门业务(表单重复审核、多渠道相关业务咨询)与其他部门协同办公等问题，由于高校对于事项表单没有一个统一的管理入口，增加了管理人员的管理难度，不利于高校的日常管理。

3. 业务处理进程缺乏有效追踪

学校领导管理工作维度多，工作内容繁杂，目前多数高校缺乏较为有效的对业务处理进程的追踪，学校自主管理的能力较弱，不能将学校内部的事项和表单以可视化、系统化的方式呈现给学校领导，也无法直观地展现学校事项及表单的分布状况，没有统一汇总学校各部门事项办理情况及网办程度，难以通过事项、表单的统计分析帮助部门领导更好地管理与部署工作。

4. 线上业务综合办理平台缺失

目前高校普遍缺乏线上业务综合办理平台，平台的搭建前期需要进行大量的业务需求调研，需要通过事项统一管理将学校原先繁杂、无规律的事项表单进行分类、萃取和融合，沉淀学校服务事项信息，为学校提供统一标准的"服务事项库"。在"服务事项库"平台上可以包含学校所有的事项及联动事项、各部门主事项和子事项信息以及部门信息、表单材料信息、各部门事项办理详情等。为学校业务以及其他业务系统的搭建打下坚实的基础。

3.2 关键算法分析与设计

3.2.1 SIPOC 核心流程识别法

1. 算法简介

SIPOC 核心流程识别法(简称 SIPOC 法)多用于流程管理和改进,主要用于核心流程的识别。其中,"S"表示服务提供者(Supplier),"I"表示输入(Input),"P"表示流程(Process),"O"表示输出(Output),"C"表示用户(Client)。通过绘制 SIPOC 图,对业务流程的基本过程进行展示,运用较少的步骤展示较为复杂的业务流程,即对总体业务流程进行描述,也可以对子流程分别描述。SIPOC 法主要应用于事项流程信息采集和联动事项流程优化过程中,能展示出一组跨越职能部门界限的业务活动,可以用一个框架来勾勒复杂的业务流程,也有助于保持对整体业务的"全景"视角。SIPOC 法的思想具有重要的指导意义,它将业务的流程主体和业务外的业务提供者和用户作为整体来研究,强调系统的目标与系统密不可分,更有利于识别业务的核心过程。

2. 实现过程

SIPOC 法的实现过程主要包括以下四个部分:

(1) 识别该事项的五个对象:服务提供者(向该事项提供关键信息、材料或其他资源)、输入(提供的事项或表单资源)、流程(事项运作的过程,也是输入发生变化成为输出的过程)、输出(对提供的事项或表单资源进行操作得到的结果)、用户(接受输出的人,即进行该业务办理的人)。此步骤一般是通过事项信息采集过程获取事项基本信息、流程信息以及表单信息来识别 SIPOC 对象。

(2) 按照识别事项的起点与终点范围、列出关键输出与用户、列出关键输入与服务提供者、找出过程的主要步骤并排序这四个步骤绘制该事项的 SIPOC 流程图。此过程一般在业务流程优化过程中进行。

(3) 按照相同的方法识别所有的事项并绘制 SIPOC 流程图。

(4) 将所有的 SIPOC 流程图连接成一张总流程图，分析整体业务过程中涉及较多的子过程并加以排序，即识别出核心的业务流程。此过程识别出的核心业务流程用于后续流程整合优化进行处理。

3. 实施流程图

SIPOC 法的核心步骤为识别事项的基本对象，即五个基本对象如何清晰地划分出来是该方法实现的关键。此外，绘制子事项图连接生成总流程图，将校园事项进行整体化观察，核心业务事项才能得以清晰识别。SIPOC 法实施流程如图 3.1 所示。

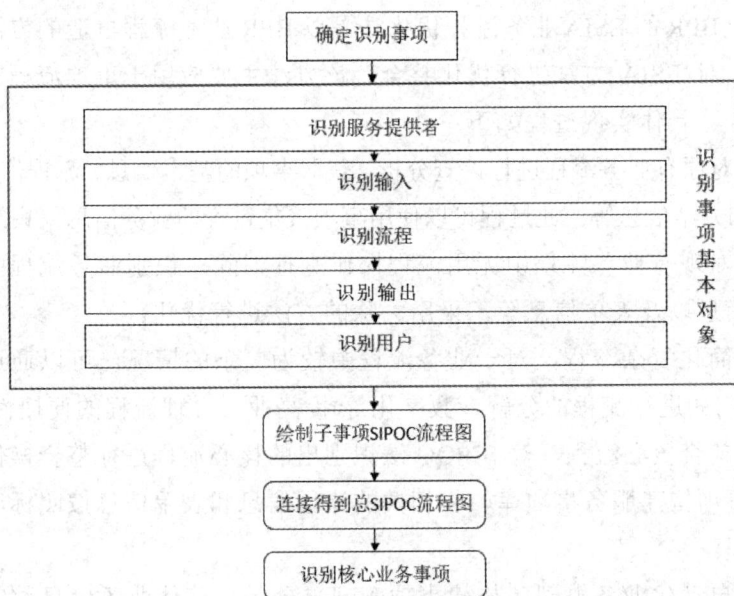

图 3.1　SIPOC 法实施流程图

3.2.2　基于 BPR 的 ESIA 业务流程优化法

1. 算法简介

业务流程重组(Business Process Reengineering，BPR)最早由美国的 Michael Hammer 和 James Champy 提出，强调以业务流程为改造对象和中

心、以关心用户的需求和满意度为目标、对现有的业务流程进行根本的再思考和彻底的再设计，通过重新设计和安排整个业务过程使之更合理化。通过对原有业务过程的各个方面、每个环节进行全面的调查，对相应组织结构、人力资源配置方式、业务规范以及沟通渠道进行优化设计，注重整体流程的最优化。ESIA分析法是通过减少现有流程中无用流程或者调整核心流程从而优化现有业务流程方法。其中，"E"表示清除(Eliminate)，"S"表示简化(Simply)，"I"表示整合(Integrate)，"A"表示自动化(Automate)，它们对应ESIA方法的四个基本步骤，主要应用于事项流程优化部分。

2. 实现过程

基于BPR的ESIA业务流程优化法是以BPR业务流程再造的方法思想为基础，对ESIA方法进行优化整合。该方法主要应用于事项流程的整合优化部分，具体实现过程如下：

(1) 对原有业务流程进行调查分析，获取事项的基本信息、流程信息、表单信息和办结信息等。此过程可以使用事项采集过程的业务信息采集结果。

(2) 对现有业务流程中无用流程操作进行消除，识别业务流程中冗余的流程信息以及表单信息等，采用去除的方法进行优化。

(3) 简化复杂流程，对于业务流程中较为复杂的情况，可以通过简化的方法(例如进行流程的分解、数字化等)提高业务办理流程的便捷性。

(4) 整合核心流程，对SIPOC法识别出的核心流程进行整合操作，即将核心事项构建服务事项库，将相关的流程信息和表单信息按照标准进行入库管理。

(5) 自动化业务办理，构建事项管理平台，将整体业务信息数字化、资源化，建立自动化的业务办理过程，减少用户的操作，目标是让用户尽可能一次提交办完所有事项，提升事项办理效率。

下面介绍识别最优业务流程公式。

评价函数$\cos t(F, S)$如下：

$$\cos t(F, S) = \sum_{C \in \text{satistied}(C(s))} W(C) \tag{3-1}$$

式中，C表示一条业务流程，$\text{satistied}(C(S))$表示所有包含节点S的业务流程的集合，$W(C)$表示对业务流程 C 的评价函数。

打分函数 score(v)如下：

$$\text{score}(v) = \cos t(F, s) - \cos t(F, s')$$ (3-2)

式中，s 为某业务流程节点，s'为优化后的节点，通过计算两节点的打分差值来评价优化程度。若差值 score(v)＞0，表示 s 节点优于 s' 节点，若 score(v)＜0，则表示 s'优于 s 节点。

此外，也可以引入动态加权规则。在初始化时，每条路径的权重均为 1；在每次循环迭代完成后，判断是否陷入局部最优解中，增加当前候选解的权重。

此外，也可以引入动态加权规则。在初始化时，每条路径的权重均为 1；在每次循环迭代完成后，判断是否陷入局部最优解中，增加当前候选解的权重。

3. 实施流程图

基于 BPR 的 ESIA 业务流程优化法的前提是对业务流程进行调查，获取事项信息，而 ESIA 分析法的基本原则是通过消除无用流程、简化复杂流程、整合核心流程、利用自动化业务办理的思想优化业务流程，最终生成优化后的业务事项。基于 BPR 的 ESIA 业务流程优化法的流程图如图 3.2 所示。

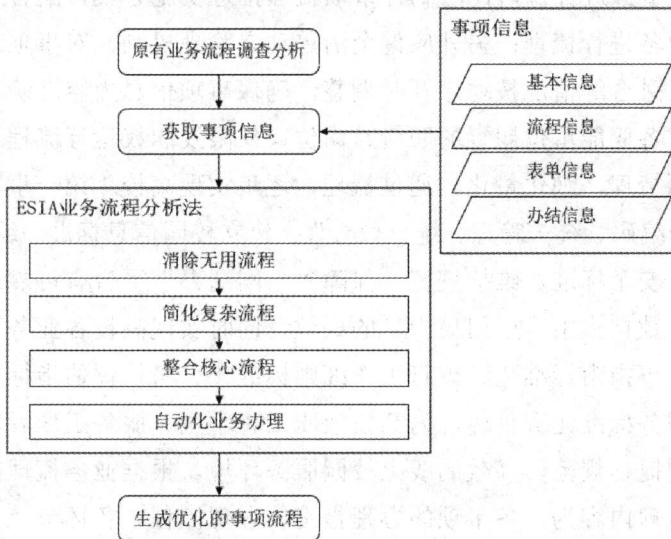

图 3.2 基于 BPR 的 ESIA 业务流程优化法流程图

3.3 业务梳理过程

业务梳理的具体过程分为四个部分：首先是对业务梳理标准的制定，制定事项流程的标准和表单资源的标准，为后续梳理过程制定要求；其次是事项信息的采集，通过采集事项基础信息、事项流程信息、事项表单信息和事项办结信息，获取事项的基本信息；再次是事项的整合优化，根据采集到的事项信息，采用基于BPR的ESIA业务流程优化法，对事项进行整合优化；最后是构建服务事项库和表单资源库，将优化后的事项入库进行管理。

3.3.1 业务梳理标准

业务梳理标准是对整个业务梳理过程制定梳理的要求，是业务梳理标准化实现的基础。主要分为事项梳理标准和表单梳理标准，详细的标准建设内容如下。

1. 事项梳理标准

对学校事务进行调研，应制订事项梳理推进实施方案，配合学校对校内各部门业务进行梳理；另外应健全清单动态管理机制，对事项新设、减少、变更、融合等情况按程序及时调整，确保事项信息内容准确一致；同时应对学校各职能单位履行的职责、岗位、权限及职权运行流程逐项逐条地进行全面梳理，细化量化。通过梳理，逐步实现高校"统一事项、统一标准、统一编码、统一管理、统一聚合"。建立校园信息标准、编码标准、管理标准、安全标准、维护规范，保障"一网通办"平台有可靠运行的支撑，达到"数据集中、应用集中"的成效，同时实现高校各业务事项清单标准化、办事指南标准化、审查工作细则标准化、考核评估指标标准化、线上线下服务标准化等目标，为高校教职工、学生、服务工作者以及各类人才提供便捷、规范、高效的线上校园服务环境。根据业务梳理的相关要求，事项梳理内容为：各事项的办理指南、办理流程、各环节人员及联系方式；填报后收集和汇总各职能部门业务审批等相关事项的办理流程、在线受理程度等基本情况，按照梳理内容逐项统计整理。智慧校园事项梳理总体框架可分为梳理范围、事项分类、服务对象、业务协同、系统应用和单事项六个部分，如图3.3所示。

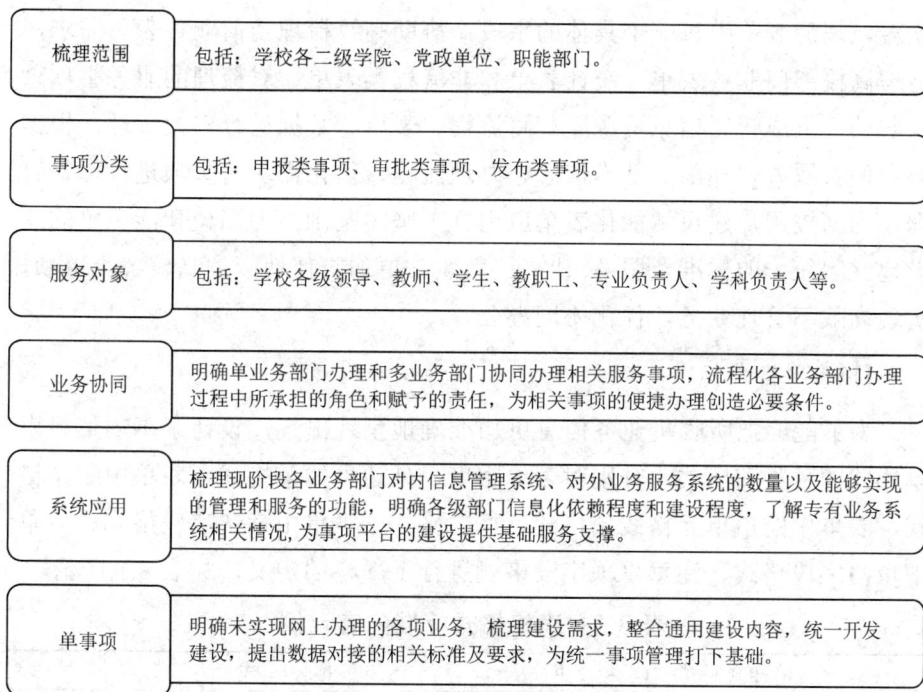

梳理范围	包括：学校各二级学院、党政单位、职能部门。
事项分类	包括：申报类事项、审批类事项、发布类事项。
服务对象	包括：学校各级领导、教师、学生、教职工、专业负责人、学科负责人等。
业务协同	明确单业务部门办理和多业务部门协同办理相关服务事项，流程化各业务部门办理过程中所承担的角色和赋予的责任，为相关事项的便捷办理创造必要条件。
系统应用	梳理现阶段各业务部门对内信息管理系统、对外业务服务系统的数量以及能够实现的管理和服务的功能，明确各级部门信息化依赖程度和建设程度，了解专有业务系统相关情况，为事项平台的建设提供基础服务支撑。
单事项	明确未实现网上办理的各项业务，梳理建设需求，整合通用建设内容，统一开发建设，提出数据对接的相关标准及要求，为统一事项管理打下基础。

图3.3　事项梳理总体框架

事项标准建设主要是对事项的名称、服务描述、主管部门、办理科室、负责人员、协同部门、时限类型 (即办/承诺件)、办理条件、办理流程、提交材料、归属场景、服务时间进行统一规范，实现事项基本信息标准化。通常采用主题分类(包括常用服务、学科科研、教育教学、人才人事、财务资产、后勤保卫、国际交流、研究生服务、信息网络、意见建议等)、部门分类(包括部门事项、部门材料、部门业务管理明细)、维度分类(包括主事项、子事项、联动事项)、建模分类管理(包括简单类单事项、融合类事项、统计类事项、重复填报类事项、考评类事项、跨系统融合类事项、专题事项等)四种分类方法，将事项的相关信息、流程、表单材料进行统一标准规范，实现事项标准化建设。

2. 表单梳理标准

表单梳理是对高校的业务需求进行科学调研，制订表单梳理推进实施方案，理清各部门业务表单之间的联动关系，理清表单在对应部门之间的流转，理清表单中每一个具体的字段，协助高校梳理当前业务表单需求，整理高校部门业务表单、统计表单和非流程类表单；对梳理的服务事项录入归档，形成管理信息资源库。将流程、表单、数据进行建模管理，根据事项的所属办理部门、基本信息、办理流程、优化需求对事项进行标签管理，为高校用户建设智能化表单应用打下坚实基础，为高校智能表单的建设建立起统一的标准及服务。让高校教职工更加方便地查询高校各类事项，实现高效率管理业务，优化协同办公。

1) 表单格式标准

为了能够把所收集业务信息更加准确地呈现出来，设计了事项信息表单样式的种类和格式，分别对表单宽度、外边框线条格式、表单中线条格式、表单中空白单元格线条格式、标题格式、表单中默认字段格式、表单中填写字段格式、注意事项字段格式进行了严格的定义，如表3.1所示。

表 3.1 表格格式标准内容示例

表单样式种类	格　　式
表单宽度	1000-1050px
外边框线条格式	2px，#333
表单中线条格式	1px，#cccccc
表单中空白单元格线条格式	1px，#4390ed
标题格式	微软雅黑，14号，加粗
表单中默认字段格式	居中，微软雅黑，11号，背景色为f2f3f7
表单中填写字段格式	居左，微软雅黑，11号
表单中注意事项字段格式	#666line-h；30px

2) 表单字段标准

根据高校业务真实需求及数据库规则明确表单字段标准，例如对(年龄/年纪/岁数)等同一含义的字段通过标准化建设进行统一输出，通过对组成表单的各类字段进行分类，统一标准化处理，为表单资源库的建设提供基础建设。

3) 表单控件标准

表单控件类型包括单行输入框、多行输入框、下拉菜单、单选框、选择框、列表控件、日历控件、宏控件、计算控件、部门人员列表控件、签章控件和媒体控件。每个控件一般包括名称和样式两个基本属性，还有默认值、选项名称、选项值、列表列宽、列表列类型、计算公式和签章验证字段等 7 个具体属性，如表 3.2 和表 3.3 所示。

表 3.2 表单控件示例

控件类型	描 述
单行输入框	用户可以输入一行文字，文字不换行，不能输入段落
多行输入框	用户可以输入多行文字，文字随着控件大小自动换行，可以输入多个段落文字
下拉菜单	用户在下拉列表中选择一个词，避免手动输入
单选框	用户在多个词中选择一项，不能选择多项
选择框	每个词一项，可以新建多项，用户在多项中可以任意选择
列表控件	在表单中插入一个可以动态增加行的列表单
日历控件	用户在调出的日历中选择一个日期，不用手动输入
宏控件	系统根据用户当前状态，自动生成状态数据，无须用户输入和选择
计算控件	对单行输入框控件中的文字进行加、减、乘、除四种运算，企业版可以将人民币小写转换成大写
部门人员列表控件	可以添加一个人员列表，用户从这个列表中选择一个用户名进行添加
签章控件	添加一个签章功能，用户可以在自己步骤签电子章授权处理文件
媒体控件	用户在当前表单中添加一幅立刻显示的图片，对纸张扫描的文件流程处理非常有用

表 3.3 控件属性说明示例

控件属性	描 述
控件名称	填写该控件的名称，不能重复
控件样式	输入 html 标准的 style 样式，可根据需要控制控件内容显示效果
字段默认值	用户填写前默认的内容，可以自己修改

控件属性	描 述
内容选项名称	下拉菜单控件的菜单名称显示的内容名称，如同意、不同意
内容选项值	下拉菜单控件名称对应的值(不是显示的名称)，每个值必须不同
列表列宽	列表宽度为列表控件在显示时该列的宽度，其数值单位为像素
列表列类型	分为序号、文本、日期和时间四种类型，可根据当前列的需要选择
计算公式	同计算控件
签章验证字段	同签章控件

4) 表单文本数据标准

文本数据需与文本内容相匹配，且数据需具备真实性，因此需建设文本数据标准化，例如姓名下文本框内仅允许填写中文，不允许填写数字。在数据标准化治理中，我们将每个表单数据依次拆分为主表数据(基本信息数据)、子表数据(业务信息数据)和其他数据(专业信息数据、意见数据)等，用户可以依据现实业务需求对数据模块进行调用，从而对业务部门的事项表单进行灵活的嵌入式管理。

5) 表单分类标准

为了与高校业务分类相匹配，需要对表单建立规范的分类标准，将表单分为科研、教育教学、人才人事、财务资产、后勤保卫、国际交流、研究生服务、信息网络、意见建议等，基本涵盖了高校全部的服务类别。对表单的编号采取"类别号+流水号"的方法，使高校每一张表单的编号都是唯一的，只要一看表单的编号，就知道其属于哪一类表单，到哪个部门去找标准版本。另外，我们把每个表单信息按照基本信息、业务信息和专业信息进行拆分，用户可根据自身需求进行表单的拆分或重组，如表 3.4 所示。

表 3.4 表单分类标准内容示例

表单分类标准	描 述
统计表单、非流程类表单、融合类表单	统计表单是对于高校部门下发用于收集学校老师/领导相关的情况表单；非流程表单属于线下办理表单；融合类表单是将具有强关联的事项分类进行表单、流程重组，合为一张表
官方表单、个人申报表单、自定义表单	官方表单是学校官方发布的表单材料；个人申报表单是个人在高校服务门户等业务办理中产生过数据的表单；自定义表单是用户自己因活动、校外使用时绘制的表单
含数据表单、不含数据表单	通过高校数据资源库的数据支撑，利用流程及表单引擎工具对表单关联数据进行读取绑定，实现表单及数据的关联绑定。含数据表单包括但不限于业务类表单、项目表单、绩效考核表单等；不含数据表单包含教职工意见反馈表单等

6) 表单审批标准

在表单审批中如涉及业务办理或跨部门业务协同办理，需明确各部门人员审核部分及审核流程。

3.3.2 事项信息采集

事项信息采集的目的是获取智慧校园包含事项的各类信息，包括事项基础信息、事项流程信息、事项表单信息和事项办结信息四个部分。通过获取事项信息，为接下来事项优化整合打基础，并对事项信息进行简单的分类，提升后续工作的效率。

1. 事项基础信息

对事项的名称、服务描述、主管部门、办理科室、负责人员、协同部门、时限类型 (即办/承诺件)、办理条件、办理流程、提交材料、归属场景、服务时间进行信息采集，获取事项基础信息；建立高校所有基础事项、服务事项、专题事项的基本信息管理，并且为各个部门提供录入、纠错、查看本部门服务事项信息的统一入口；对服务事项流转相关的表单材料进行统一管理，并且为用户提供材料的统计，协同部门的调用等功能；建立高校事项概览模块，根据高校的业务部门对所有的事项进行分类，这样不仅可以看到高校的业务部门，还可以看到每个部门中业务系统的数量、服务事项的数量和事项表单的数量。

2. 事项流程信息

对高校各职能单位履行的职责、岗位、权限及职权运行流程逐项逐条进行全面梳理及细化量化。通过梳理，逐步实现以下目标：管理机构设置清、承办岗位职责清、办理事项数量清、申办主体类别清、事项办理条件清、业务流程环节清、事项办理时限清、单位协调关系清、监督考核规则清、保密信息密级清、现有信息系统清。采用 SIPOC 事项流程识别方法，通过识别事项的五项基本对象，获取事项的基本流程信息，理清高校事项办理流程，建立业务办理的标准化机制，简化办事程序，制订服务事项的办事指南，根据师生需求，逐步实现高校事项网上办理。

具体采集过程包括以下几个方面：

(1) 制订事项流程采集方案。

按照业务梳理相关要求，制订具体工作方案，明确梳理范围、梳理内容、工作周期、注意事项等具体工作内容，编制相关文件表单，指导具体工作开展。

(2) 对采集人员开展业务培训。

按照相关要求开展业务流程梳理前的培训工作，针对工作方案、各类填报指南、操作手册和相关注意事项进行相应培训，进一步明确工作重点和工作方向。

(3) 数据采集方案实施。

下发填报表格、操作手册、操作指南等指导性文件，按照相关要求，收集报送信息并分析整理。对梳理好的高校服务事项信息进行系统录入，包括事项和表单清单、名称、流程、表样、时限、协同单位等，并进行存档。

(4) 开设专场会议进行审核。

由高校职能负责人员牵头(人事处、本科生院、研究生院等)，信息化部门协同，高校职能部门对已报送业务信息(业务基本信息、业务流程、负责部门等)进行审核，确保报送信息规范、准确。

(5) 资源整合。

对报送信息和验证数据进行资源整合、全面梳理，明确各项业务办理流程以及各业务部门事项办理过程中所承担的角色和赋予的责任；明确各职能部门和院系信息化建设及依赖程度、在线业务办理等情况，分析各单位系统建设的需求，整合归类，体系化整理。

(6) 签字确认。

对整合后各项业务的办理流程和办理过程中各业务部门所承担的角色和赋予的责任进行再次沟通和签字确认，支撑各项业务的落地。

高校事项服务内容如表 3.5 所示。

表 3.5　事项服务内容示例表

事　项	主　要　内　容
人事服务事项梳理	梳理事项和表单清单，包括名称、流程、表样、时限、协同单位等
本科生服务事项梳理	梳理事项和表单清单，包括名称、流程、表样、时限、协同单位等
研究生服务事项梳理	梳理事项和表单清单，包括名称、流程、表样、时限、协同单位等
综合服务事项梳理	梳理事项和表单清单，包括名称、流程、表样、时限、协同单位等
事项修正	采集师生反映强烈的事项、表单提交给负责单位

3. 事项表单信息

由于长期以来信息化建设程度参差不齐，目前高校信息化建设过程中出现了表单反复填报、业务部门划分不清晰、网办入口不统一、线下业务繁杂、服务监管困难等一系列建设现状。究其原因，主要是因为在高校信息化建设中还没有解决信息化管理原始、业务服务割裂、用户体验欠缺、线下办事东奔西跑且效率不高的问题。"一网通办"项目有效地梳理了事项服务中线下所提供的纸质表格，理清表单在相关事项中的流转，理清表格中的每一条要素与字段，制作电子表单说明书，并纳入事项管理库进行规范化管理。

通过对高校表单的梳理调研及标准化规范，依据高校用户的真实需求，将高校表单分为官方表单、个人申报表单以及自定义表单三类。官方表单是指高校官方发布的表单材料，由管理员统一维护，用户可进行查看、调用、下载等功能，但不可自行添加、修改或删除；个人申报表单是指个人在高校服务门户等业务办理中产生过数据的表单，用户可自行统一管理、下载或查看。自定义表单是指用户自己因活动、校外使用时自定义绘制的表单，用户可根据需求进行绘制、查看、修改或删除。

4. 事项办结信息

1) 联办审批

在事项办理的过程中存在跨业务部门的事项办理，场景事项管理中将对涉及此类业务的办理在平台提供事项办理入口及引导、事项办理结果的反馈出口，以场景大厅为连接，实现事项联办审批。场景事项的审批流程需要多个审批环节，如受理、审查资料、审批、结果反馈等。事项会根据各个部门预先设定的审批流程进行流转，在每个审批环节按照不同的人员审批不同的环节进行实时记录，并且在每个审批环节都设定了相关的法定审批时限，哪些环节延误了时限在系统中都可以实时跟踪并进行预警提示。通过联办审批，教师和学生可以获得全面、准确的校园门户"一站式"服务；可以实现高校部门内部的协同作业，提高办事效率，简化办公流程，降低办公成本，增加工作的透明度，同时获取用户的实时申报进度数据和部门业务处理统计数据，推动高校部门工作绩效的考核，体现智慧校园的理念。联办审批方式主要有以下六种：

(1) 标准联办审批流程。

对于一般的联办审批事项初始化审核过程中直接选择默认的流程(通过事项梳理、调研将大多数事项都可以审批的流程作为标准流程存储)，无须修改。

(2) 垂直并联审批。

高校"一网通办"平台建设引入垂直并联审批的方式。它主要是指各级审批部门或领导，针对下级上报的审批事项采用直接批复，领导或部门工作人员可以自行出示审批意见，不需要经过特别程序，简单来说就是单人审批，一个人就可以做出决定。各层级将上报数据发送到上报终端，上报数据根据上报终端预先设定的审批流程流转到单人审批模块，同时以系统消息的形式提醒具有相应权限的事项审批人员有新的上报数据需要审批，上级部门通过审批终端进行审批，将审批意见反馈给下级部门，同时以系统消息的形式提醒。

(3) 横向联办审批。

高校"一网通办"平台建设引入横向联办审批的方式。它主要是指各级审批部门或领导针对下级上报的审批事项采用多人串行审批，领导或部门工作人员一一审批出示审批意见。下级将上报数据发送到上报终端，上报数据根据上报终端预先设定的审批流程流转到多人审批模块，同时以系统消息的形式提醒具有相应权限的事项审批人员有新的上报数据需要审批，领导通过审批终端进行审批，多人全部审批后，将最终审批意见反馈给下级部门，同时以系统消息的形式提醒。

(4) 交叉联办审批。

高校"一网通办"平台建设引入交叉联办审批的方式。它主要是指上级审批部门或领导针对下级上报的审批事项采用多人并行审批，领导或部门工作人员可以同时出示审批意见。下级将上报数据发送到上报终端，上报数据根据上报终端预先设定的审批流程流转到多人并行审批模块，并以系统消息的形式提醒具有相应权限的事项审批人员有新的上报数据需要审批，上级领导通过审批终端进行审批，多人全部审批后，将最终审批意见反馈给下级部门，同时以系统消息的形式提醒。

(5) 同级联办审批。

高校"一网通办"平台建设引入同级联办审批的方式。例如，某部门有些事项的审批需要和同级的部门协同审批，这种事项的办理需要由发起单位通过联办流程自定义工具进行流程设置，将需要协同审批的部门纳入流程中。启动并执行同级联办审批的事项，当需要部门协同审批时，系统会自动发送消息告知协同审批部门相关人员，将申办人信息、电子资料、审批流程、审批单位、审批人、审批意见、审批签章等信息一块发送其工作界面。待其审批完后，通过校园外网将审批单位、审批人、审批意见及审批签章回传至发起用户或部门，直到事情办结。

(6) 移交审批。

事项审批的另一种情况是移交审批，顾名思义就是将一个部门的审批事项全部移交给另一个部门来办理。这种事项的办理需要由发起部门通过联办审批流程自定义工具进行流程设置，将需要移交审批的部门纳入相关的流程中。启动移交审批事项，当需要移交到其他部门进行审批时，系统自动发送消息告知被移交部门相关人员，将申办人信息、电子资料、审批流程、审批单位、审批人、审批意见、审批签章等信息一块发送到工作桌面，待其审批直到事情办结。

事项办结流程模拟图如图 3.4 所示。

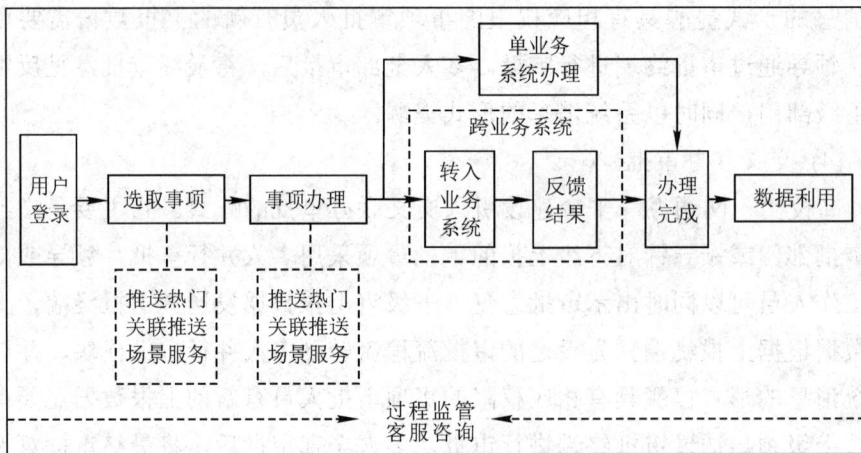

图 3.4　事项办结流程模拟图

2) 公文流转

公文流转用于处理单位日常工作中内外部的各种公文，利用计算机网络的高速迅捷和计算机控制的严格准确性实现公文的处理。公文管理模块相对传统公文处理而言，在很大程度上提高了公文处理的效率和准确性，用户操作简便易行。公文流转包括公文的发文拟制、发文审核、发文会签、发文签发、发文登记、发文传阅、收文签收登记、收文审核、收文拟办、收文批办、收文承办、公文归档销毁、公文查询以及公文的流程监控、公文催办、公文流程定制等。在公文流转中，用户可以预先定义公文的处理流程及相应的处理权限，在拟制、登记及公文流转过程中具有相应权限的人员可以进行公文在线编辑，并进行跳签、插签、退签、撤销等处理。

发文拟制是具有公文拟制权限的教职工使用本功能新增公文，录入、编辑公文属性，根据公文模板建立并在线编辑公文正文，上传公文附件，定制公文流转工作流；收文登记用于外部来文的签收和登记处理，包括新增公文、录入、编辑公文信息、导入外部文件作为公文正文，上传公文附件，定制公文流转工作流；公文办理是指公文在流转过程中，需要有关人员对公文进行相应的处理工作；公文催办模块能查看所有未办理完成的公文情况及其办理情况，对未办理的工作可以向相关人员以邮件或消息的方式发送催办信息；公文跳转可以强制改变所有未办理完成的公文流转；归档销毁可以对已经完成办理的公文按归档目录进行归档，已归档的公文可以改变归档目录，可以销毁已经归档的公文；公文查询可以通过设置相应的查询条件，查询显示公文信息；公文参数设置是用户结合本单位的实际情况，为使公文管理功能正常进行需要对公文管理的有关参数进行预先设置以及进行日常维护工作。公文参数设置包括密级权限设置、公文模板设置、公文流程模板设置、公文类别设置、公文办理定义、公文日志管理；审批记录用于工作人员随时查看审批的事项以及事项的详细办理情况。在审批记录模块会显示该工作人员审批过的所有事项，包含在办件、已办件、异常件、补办件、督办件和过期件。同时显示该事项的期限状态、事项名称、申办人、状态、最后处理时间等内容信息。根据事项审批的属性的办件分类示例如表 3.6 所示。

表 3.6　根据事项审批属性的办件分类示例表

办件类别	办 件 属 性
待办件	正在办理的在办件，按办件状态可分为正常件、预警件、逾期件
正常件	尚处于当前办理环节受理时限范围内且未达到预警状态的待办件，以绿色的文字显示
预警件	尚处于当前办理环节受理时限范围内且已达到预警状态的待办件，以黄色文字预警显示

办件类别	办 件 属 性
逾期件	已超过当前办理环节受理时限的逾期待办件,以红色文字报警显示
已办件	已经办理完成过的所有办件,根据使用需要分为可撤回、流转中、已归档
可撤回	已经办理完成的但还可以撤回重新办理的已办件
流转中	已经办理完成的尚处于流转审批过程中的已办件
已归档	已经办理完成的且已办结归档的已办件
督办件	为高校领导和监督部门提供对办件的全程监控,领导或监督人可以通过直观的图形化流程图对办件进行监督,签署督办意见,或对要件、急件或逾期件进行督办、催办等
跟踪件	业务办理人员通过该功能可以跟踪承诺件的后续办理状态,及时提醒经办人、经办部门或领导,完成承诺件的办理

3) 异常管理

审批异常管理是对事项在审批过程中出现异常的操作进行管理跟踪。所谓的异常操作比如收费异常、审批异常(审批在极短时间内操作完成的异常)、系统误操作异常等。对审批异常的事项可以通过打电话或者通过系统自带的短消息发送给相关职能单位,要求其处理异常或解决异常问题。系统提供的审批异常的管理方法包括调整办理人员和直接办结。对于异常的事项,首先核对该事项审批异常的原因,根据系统预先设置的流程调整异常节点的办理人员,并重新审批受理该事项;其次,如果该事项流程流转无误,资料等各种条件都符合办结的条件,直接办结即可。该模块为审批人员提供了一次减少失误的友好操作。

3.3.3　事项整合优化

事项整合优化包括对基础事项流程的设计优化,对联动事项的整合管理以及涉及的所有表单信息的整合优化，目的是得到具有科学性、条理性的事项清单和表单清单，解决"查事"过程中存在的效率低、资源不清晰、过程复杂等问题和"查管结合"过程中存在的条理性差、缺乏事项功能分类等问题，是后续构建服务事项库和表单资源库的前提。

1. 事项流程优化

按照校园服务实施机构依据规定确定的职责分工，采用基于 BPR 的 ESIA 业务流程优化法，通过对事项进行无用流程去除、复杂流程简化、核心流程整合和业务办理自动化四项处理，对各部门的校园服务事项进行细化、完善，形成清单，各级校园职能部门按照自身承担的职责范围，从目录清单中选择本级范围内的校园服务事项，同步基本要素信息，完善填写实施清单中的其他要素信息，填写完成后报部门审核。审核通过后，纳入本部门的实施清单。按照统一标准自上而下地进行设计，保持校园服务事项名称、类型、依据、编码等要素的统一。

业务办理系统依托实施清单运行。实施清单要素包括基本编码、实施编码、事项名称、事项类型、设定依据、行使层级、行使内容、实施部门等字段，实施清单管理包括编制、变更、查询统计等功能。实施清单管理提供办理项设置功能，灵活设置办理项的多情形条件，根据不同条件关联不同材料，具备办理流程自定义配置，可以自动生成外部流程图。由校园相关业务部门牵头，在梳理行政权力目录清单的基础上，按照职权法定、转变校园职能和简政放权的要求，对现有行政权力提出新增、取消、下放、整合、转移、加强和提请调整的意见，确定保留实施的行政权力事项，并对其进行管理。实施清单管理应具备对行政权力实施清单的新增、取消、下放、变更、查询统计等功能。同时对所有行政权力事项的动态变化过程进行历史版本记录，便于事项比对及事项历史变化过程的回放。

1) 事项新增

按照事项梳理规范，在目录清单基础上，细化完善实施编码、行使内容、申请材料等事项全要素，形成具体的实施清单。各级各部门通过事项管理系统建立各事项审批部门及事项分类，通过不同的权限提交、审核、修改校园服务事项清单信息，便于各审批部门对所涉及的校园服务事项进行及时准确的维护；对上报审核的信息，各级审批部门、管理人员进行审核，对符合规定的校园服务事项对外公开，对不符合规定的校园服务事项需重新编辑提交，从而对校园服务事项进行持续化管理。

2）事项审核

审核功能，对不符合要求的情况，驳回上一环节，并填写驳回理由作为依据；对于符合要求的情况，审核通过，纳入相应部门的实施清单。事项审核的主要流程是：各相关部门负责提报事项；各级管理部门根据事项信息的标准要件，检查各部门申报事项的各个要素信息填写是否规范完整；各级审批人员对部门提交的事项信息进行合规性审查，最后发布到服务事项管理系统。事项梳理过程中，审核人员如发现需要进行修改或部分内容不符合要求的情况，应驳回上一环节进行相关处理，驳回时需要填写驳回理由作为依据。监管人员在驳回管理中可查询驳回事项情况，包括驳回后续处理的各环节的办理情况等。可根据登录人员权限列出所有已注册的事项，按事项名称、所属部门、事项类型查询事项详细信息。

3）事项变更

在行政部门审批权力改革的不断变化中，校园服务事项也在不断地改革和变更，校园服务事项变更主要是根据事项的变更做出相应的操作。校园服务事项信息在发布后，如果出现事项内容变更的情况，需要走变更申请，由提报部门进行变更申请提报，提报后由审批部门、学校相关领导进行审核，审核通过后，该事项版本号递增(如 V1.0 递增为 V2.0)，并保存变更前的历史版本，在查询事项信息时可以查看变更的版本过程和详细信息。监管人员通过查询版本变更过程前后的事项内容，对比差异和区别，合理地监管检查是否存在违规现象。可根据登录人员权限列出所有已发布的事项，按事项名称、所属部门、事项类型查询事项详细信息。

4）事项取消

事项在发布后，提报部门在运行过程中根据校园相关的规章制度需要清理取消事项的，可根据相关规定提报取消事项申请，写明取消理由，提报审批部门、学院领导进行审核。报上级审定后，该事项在事项系统中将不再受理，并且在校园事项公示中也不会再进行公示和展现。监管人员通过事项取消管理对权力事项取消情况进行监管，可根据登录人员权限列出所有已取消的事项，按事项名称、所属部门、事项类型查询事项详细信息。

5) 事项调整

如果校园办理事项在运行的过程中某些非主要信息不符合实际要求，可以不经过审核的过程，直接对此事项的信息进行调整，以符合实际的情况需要。非主要信息包括办理地点、办理时间和咨询电话等。

6) 事项比对

校园办理事项对比，是将不同版本的流程图以图形化界面进行比对，清晰显示出不同版本流程的区别，体现出校园办理事项流程图变化的过程，可高亮显示不同内容的区别，体现出校园办理事项基本信息的变化过程。在事项比对过程中，可以高亮显示不同信息，也可以隐藏相同信息，从而全方位地展示出不同校园事项之间事项基本信息的差异性。

7) 查询统计

校园办理事项查询统计提供对实施清单的查询统计、报表输出和电子表格文件导出等功能。统计维度支持按事项类型、按审批部门、按规定办结时限、按承诺办结时限等，其中按规定办结时限、按承诺办结时限以大于、等于或小于某个特定值进行统计。可查询全部状态为"已发布"状态的事项列表，列表信息包括事项名称、审批部门、事项类型、事项状态、发布时间、事项编码、事权级别、办理主体等。

2. 联动事项管理

对学校复杂类的联动事项进行单独的界面设计和内容管理，包括联动事项的事项基本信息管理、事项协同部门管理、事项流转环节管理、事项材料调用管理等。采用 SPIOC 核心业务识别方法，识别联动事项的核心业务并规划业务流程，明确单业务部门办理和跨部门事项协同办理相关服务事项，完善和深化专题事项、服务业务、申报材料的关系。通过流程化管理，明确各业务部门办理过程中所承担的角色和赋予的责任，为联动事项的便捷办理创造必要条件。

1) 联动事项概览

联动事项包含主事项和子事项，联动事项概览包括但不限于主事项和子事项的事项信息、表单材料、网办程度、办理流程及关联表单事项的关系网等。

2) 联动事项专题

所谓联动事项，是指在办理同一事项时，涉及两个以上不同部门的审批，或办理一件事涉及要办理多个事项。以往，用户在办理联动事项时需要在不同部门之间来回奔波，找人审批、签字和盖章，费时费力。联动事项专题是指学校多类联动事项的集合。例如，新员工入职专题主要包括以下联动事项：

(1) 新员工入职信息卡。新员工入职信息卡包括新员工入职经办部门(人事处、信息化建设处、国有资产管理处、校医院、后勤处等)、新员工入职相关事项(一卡通办理、邮箱申请等)、新员工入职相关系统(合同系统、档案系统、教职工系统)、相关材料、网办程度等。

(2) 新员工入职事项清单。新员工入职事项清单包含新员工入职事项办理过程中在各部门中所需办的事项汇总，包含事项办理流程，细化用户办事流程中的流程概要、注意细节及事项负责人联系方式，从而帮助新员工更精细、更便捷地办理入职手续。

(3) 新员工入职分管部门。通过联动事项专题的建设，使新员工清晰认知本部门负责事项清单、分管部门、流转路径、权责关系及相关表单事项关系网等，为新员工迅速了解部门打好基础。

(4) 新员工入职办理情况。平台可实时呈现平台在办事项、待办事项及事项办理平均时长，用户可在联动专题事项查看新员工入职办理情况，明确知悉事项办理情况。

(5) 新员工入职办理耗时。平台可实时对事项办理环节进行监测，包括对事项各环节办理耗时及事项总办理耗时的统计，为高校管理者分析及决策提供可视化的数据支撑。

3. 事项表单整合

将高校官方业务表单深度融合，梳理现有表单的业务需求，将流程、表单、数据进行建模管理，为各个业务部门的统计类表单、纸质类报表单等需求提供智能化表单应用。

1) 官方表单管理

官方表单管理主要包括三种：① 官方表单模板，为用户展示学校官方业务表单，以标准的格式提供包括表单预览、表单下载、表单采用等功能，并对学校业务表单进行分类管理；② 个人申报表单，对接用户在学校办事过程中产生的表单，将每次办理的表单(含数据)读取对接并提供给用户下载使用，用户可以查看办结表单相关的办件记录和办事指南；③ 自定义表单模板，收集用户的自定义表单，方便用户随时调用、查看或下载。

2) 部门官方表单管理

部门官方表单管理为用户展示各部门官方业务表单，以标准的格式提供包括表单预览、表单下载、表单采用等功能，并对部门业务表单进行分类管理，加快部门办事效率，优化部门业务管理。

3) 实现自定义表单绘制

管理系统可根据用户需求提供用户自定义表单的绘制，用户可以通过提示，在完全可视化的页面中进行表单的基本信息配置、表单结构定义、单元格类型定义、数据关联、字段定义、样式设置或表单生成等。用户可对定义好的表单进行修改、数据填写等操作，在进行表单自定义时，需满足所有控件、格式、数据等都是前端可视化操作。

4) 表单资源管理

表单资源管理可对业务部门的事项表单进行灵活的嵌入式管理。按照学校业务架构对表单进行统一建模管理，将各类报表进行区域分块管理，即每个表单都可按照基本信息、业务信息、专业信息等进行拆分重组，保证表单的自由组合和业务流转。每一个表单都由数个表单资源组成，例如"基本信息"表单资源在申请类表单、备案类表单重复调用。其中基本信息表单包括用户姓名、出生年月、所在单位、移动电话等基本信息字段；业务信息指用户在特定业务办理过程中需填写的表单部分；专业信息指用户特别是教师个人历史科研记录、历史发表论文记录、历史出国经历等个人专业相关信息。基本信息表单资源示例图如图 3.5 所示。

姓名		性别		
出生年月		职务		
最高学历		毕业时间		照片
最高学位		授予时间		
工作时间		所在单位		
现从事专业		研究方向		
移动电话		电子邮箱		

图 3.5 基本信息表单资源示例图

5) 业务表单调用

"服务事项库"对接用户在高校办事过程中产生的表单，将每次办理的表单(含数据)读取对接并提供给用户下载使用。同时，用户可以查看办结表单相关的办件记录、办事指南等，满足用户对个人业务表单的调用，解决了用户在办事过程中表单调取困难的问题，提高了用户的办事效率，提升了高校信息化服务质量。

6) 表单数据纠错回填

表单数据纠错回填对接学校数据纠错平台，完成用户在表单填写/自定义表单创建过程中与学校数据中心数据的比对和纠错。它主要包括四个部分：首先是表单数据比对，即用户可进行官方表单的填写，在自定义表单的创建过程中可与学校数据库已有数据进行比对，如姓名、学历、工作经历、所获论文奖项或科研项目等；其次是表单数据纠错，用户在官方表单填报中如发现表单数据有误可进行数据纠错，对认证数据提出修改申请，按照数据纠错的规则对自定义数据直接纠错；再次是可以进行表单数据补录，对于科研项目、论文成果等持续性数据，用户在填写过程中自动补录；最后是数据回填，用户在纠错、补录后的数据更新自动回填，保证用户拥有最新的表单数据。

7) 表单数据联想

表单数据联想功能，将最大限度地实现用户填写表单过程中的快捷性和便利性。对于表单填写中产生的记录数据，如个人经历、年度总结等会以模糊联想的形式出现/提示于下次同类表单的填报过程中。用户也可通过模块化表单的数据调用，满足过往表单填报数据的一键填写，并通过可视化的形式直接调用。

3.3.4　事项入库管理

事项入库管理部分包括事项仓库的建设和事项的分类入库。首先是事项仓库的建设，包含服务事项库的建设和表单资源库的建设，主要描述建设的基本要求和仓库的基本框架。其次是事项的分类入库部分，描述如何进行事项的数字化存储及分类，以及事项目录和办事指南的建立。

1. 事项仓库建设

1) 服务事项库建设

平台事项仓库将收集的事项深度梳理调研，将标准化的事项数据进行可视化统一呈现，让高校的事项信息通过平台展示给师生及管理者。平台事项仓库包含高校所有普通事项及联动事项，将所有梳理好的事项及事项网在事项仓库中集中存储和展示，以便于高校管理或调用。围绕服务事项发布与受理、服务事项办理、职权运行、服务产品交付、服务评价等关键环节，建设形成统一的校务服务事项库，实现事项名称、事项类型、法律依据以及基本编码的统一，并建立事项信息库动态更新机制和业务协作工作机制。明确部门组成科室、组成人员及部门关联事项表单明细，有利于部门更加高效地进行工作分配与协同，对部门所有关联的事项表单进行可视化展示，为管理人员提供决策支撑。服务事项库示例如图 3.6 所示。

图 3.6

图 3.6　服务事项库示例图

服务事项库建设主要包括以下六个方面：

(1) 事项信息管理：建立高校所有基础事项、服务事项和专题事项的基本信息管理，并且为各个部门提供录入、纠错、查看本部门服务事项信息的统一入口。

(2) 事项材料管理：对服务事项流转相关的表单材料进行统一管理，并且为用户提供材料的统计、协同部门的调用等功能。

(3) 高校事项概览：在这个板块可以看到高校所有的业务信息，我们会根据高校的业务部门对所有的事项进行分类，这样不仅可以看到高校的业务部门，还可以看到每个部门中业务系统的数量、服务事项的数量和事项表单的数量。以上提到的所有和业务有关的信息最后都会以数字化的形式呈现在用户的眼前。

（4）办理情况可视化：包括提供关键词匹配的相关事项办理详情推送，展示当前事项办理状态、受理时间、办理件数等数据，提高用户事项办理查询的便捷性。通过后台统计，在用户端对每日高校事项办理数量、表单下载数量、事项审批数量、事项办理异常情况进行可视化展示。

（5）入驻事项可视化：主要是通过统计图表、流转关系图展示高校入驻"事项库"的事项数量、各业务部门事项数量、业务部门已梳理事项数量、专题事项数量、优化整合事项数量。

（6）部门事项可视化：通过对部门入驻事项进行分析比对，对部门事项入驻排名、部门事项优化融合排名、部门事项线上办理排名、部门事项评价打分排名等进行公示。

2）表单资源库建设

梳理现有表单的业务需求，将流程、表单、数据进行建模管理，建设高校报表模板库及海量表单资源库，实现统计类表单、官方表单、个人表单的快速生成及个人自定义表单管理，为各个业务部门的统计类表单、纸质类报表单等需求提供智能化表单应用，实现学校表单全周期管理。通过对高校表单的梳理调研及标准化规范，依据高校用户的真实需求，将高校表单分为官方表单、个人申报表单以及自定义表单三类。官方表单是指学校官方发布的表单材料，由管理员统一维护，用户可利用查看、调用、下载等功能，但不可自行添加、修改或删除；个人申报表单是指个人在高校服务门户等业务办理中产生过数据的表单，用户可自行统一管理、下载或查看；自定义表单是指用户自己因活动、校外使用而自定义绘制的表单，用户可根据需求进行绘制、查看、修改或删除。

高校建设以表单数据为核心的高校信息资源库，用户个人在校基本数据、办事流转中的表单数据、官方业务表单数据等将通过表单资源库向用户开放，表单资源由管理员统一管理，用户可根据参数随时调用或查看。表单资源库示例如图3.7所示。

图 3.7　表单资源库示例图

2. 事项分类入库

事项分类入库首先要求将事项信息进行数字化处理,然后按照子事项、主事项、联办事项等进行分类入库,最后构造统一的业务事项目录以及单一事项业务办理指南,用以指导用户进行事项仓库的操作使用。

1) 事项信息数字化

事项信息数字化是通过对事项深度调研梳理,统一输出标准化事项,建设学校"事项管理平台",平台将高校繁杂的管理信息统一整合、统一编码、统一入库,形成标准的业务数据。事项信息数字化是事项分类入库的前提。

2) 事项分类

事项分类是针对梳理好的事项进行分类,事项分类包含子事项、主事项、关联事项等,通过流程优化及表单整合,进行业务整合改造,设计某一类型服务事项的全生命周期业务展现。它主要包括子事项(子事项是主事项的分支,是事项中最小的单位)、主事项(主事项是单个事项名称,可包含多个子事项)、关联事项(包含主事项及子事项,其整合主事项信息、子事项信息、字段信息、表单材料等)。事项分类示例如图 3.8 所示。

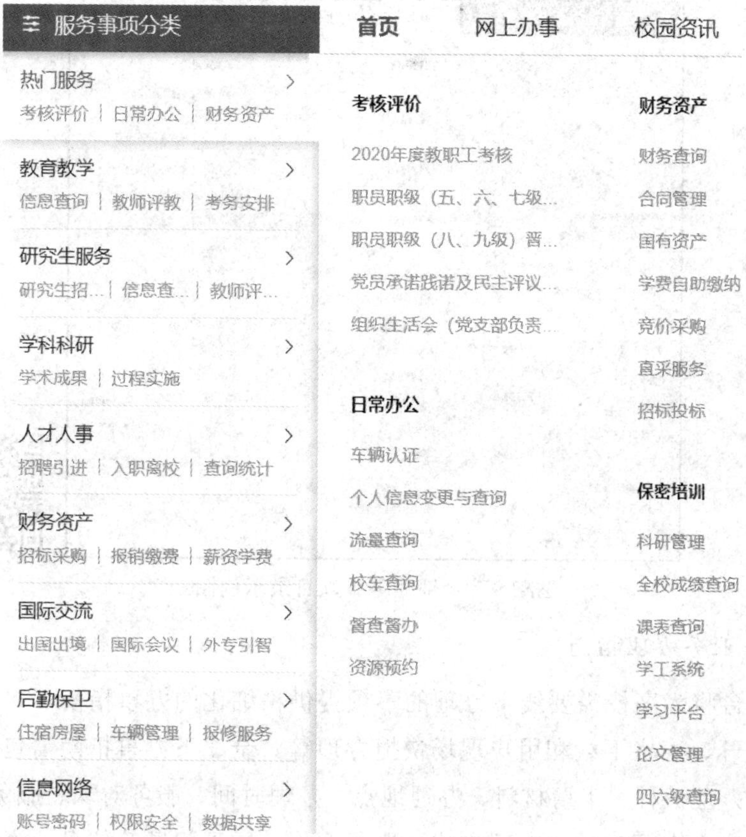

图 3.8 事项分类示例图

3) 构建业务事项目录

构建业务事项目录是对高校各部门、各系统、各应用中的所有的业务进行详细的梳理，严格遵守业务梳理事项标准，包括高校所有的事项类型、基本编码、事项名称、设定依据等基本要素信息，支持基本要素的新增、修改和删除等操作；同时，将统一清单数据初始入库，提供批量导入功能，并根据要素规则自动检查和提醒错误信息。全部业务事项目录如图 3.9 所示。

图 3.9　全部业务事项目录示例图

图 3.9

4) 业务办理指南

平台将为高校需要线下办理的事项提供精细化的办事指南，包括线下信息公开、表格下载和用户现场快捷办理等。全线下办事指南需包含事项名称、办理流程、申请材料、办理地点、办理时间、服务对象、服务描述、负责科室、办理时效、办理方式、服务评价、常见问题等信息，为用户提供更为标准、精细的引导式服务，提升用户办事体验感。业务办理指南位置示例如图 3.10 所示，业务办理指南示例如图 3.11 所示。

图 3.10　业务办理指南位置示例图

图 3.10

图 3.11　业务办理指南示例图

3.4　业务梳理效果

智慧校园业务梳理协助高校完成各部门服务事项的梳理工作，并建设服务事项库来对梳理并统一标准后的服务事项及表单进行统一录入归档，形成高校事项网办标准。明确了事项的基本信息、所属办理部门、办理流程等，让高校各级部门知事、明事。具体业务梳理效果如下。

1. 实现权责清晰的业务扁平化管理

平台对高校的事项服务进行标准化清单管理，并将权限下放到具体部门及科室，事项服务内容包括业务信息、权责信息、流程信息、协同信息和材料信息等，帮助各部门清晰知晓自己的权责所在。通过建立高校服务事项管理系统，做到高校"统一事项、统一标准、统一编码、统一管理、统一聚合"，让高校及各部门的事项"看得见、摸得着"，让权责更清晰、管理更快捷。帮助高校扁平化管理业务，提升高校信息化服务质量。

2. 建立标准化的信息管理协同工作

通过建立高校服务事项管理系统，实现高校服务事项库的事项及表单统一标准化输出，健全清单动态管理机制，对事项新设、减少、变更、融合等情况按程序及时调整，确保事项及表单信息内容准确一致。实现业务管理信息标准化，为高校事项网办提供重要的标准支撑。

通过事项统一管理实现需跨系统、跨部门的协同事项的一键审批；同时，依据高校事项可视化建设，明确事项流转路径、分管部门和下属事项等；让高校服务事项的流转、事项办理的协同部门、事项办理的效能一目了然；帮助管理教师便捷处理业务，优化管理业务管理流程，提升高校信息化服务质量。

3. 实现业务决策分析的可视化管理

平台为高校管理者提供事项管理的可视化数据，帮助管理者宏观地知晓高校或各部门事项的基本情况、办理情况、办理效能等业务类数据，为高校领导提供客观的业务决策支撑，在进行业务改革、流程再造、权责分配等日常工作中，帮助领导更加科学、合理地进行业务分配管理。

4. 构建提升服务效能的管理信息资源池

基于事项统一管理，将高校原先繁杂、无规律的事项表单进行分类、萃取和融合，并将整合后高校所有的事项及联动事项、各部门主事项和子事项信息、部门信息、表单材料信息、各部门事项办理详情等统一编码入库，沉淀学校管理信息资源池，为学校提供统一标准化的事项及表单数据，为学校业务以及其他新建业务系统的搭建打下坚实基础。以西安电子科技大学教职工出国审批为例，3 项审批表单可简化为 1 项审批表单，如图 3.12 所示；线下办理需要经过 5 个部门的 7 次审核，提交 2 次材料，简化为线上办理，1 个门户 1 次审核且自动存档，如图 3.13 所示。

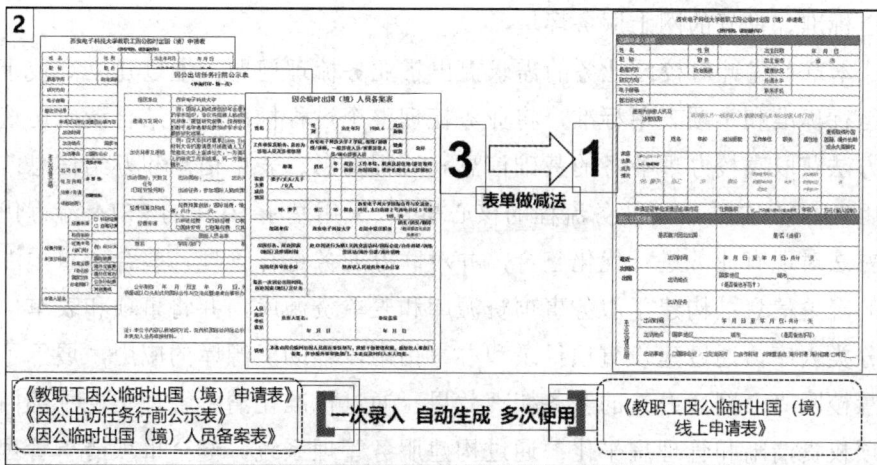

图 3.12　出国聚合：表单快速生成示例图

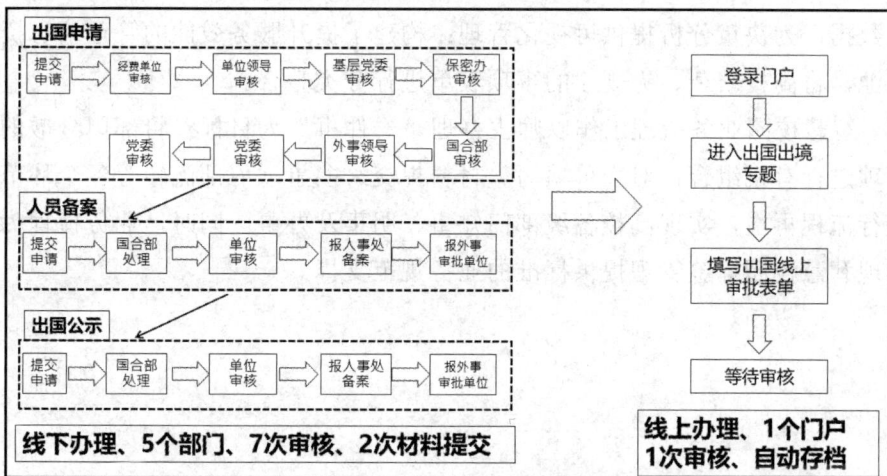

图 3.13　出国聚合：流程快速配置示例图

本 章 小 结

本章以便捷高效、透明规范的业务服务需求为导向，充分运用信息技术手段和互联网思维，梳理优化高校服务流程；促进高校职能转变，切实提升高校服务主动性、精准性、便捷性和智慧化水平，进一步降低制度性交易成本，增强高校用户获得感，为高校在更高起点上实现更高水平发展打造标准、良好的网上服务环境。

本章首先针对校园业务的需求提出了业务梳理问题，通过建立高校事项运行标准和事项表单标准，将业务梳理整个过程标准化；结合调研访谈等方法获取高校办理业务的基础信息、流程信息、表单信息和办结信息；运用 SIPOC 方法识别业务流程的核心事项，采用基于 BPR 的 ESIA 流程优化方法对现有业务进行优化整合，并对联办业务进行管理，整合了事项涉及的表单信息；构建了服务事项资源库和表单资源库，并将事项和表单信息分类入库，通过建设事项目录和办事指南，辅助资源库的应用，展示了智慧校园"一网通办"的业务梳理效果，通过标准化清单管理实现了部门事项权责清晰和管理扁平化；通过构建服务管理系统，健全事项清单管理机制，使信息管理协同工作更加标准化；同时，通过平台提供事项的可视化数据，为决策分析提供可视化管理；构建了提升服务效能的管理信息资源池，将高校繁杂、无规律的事项表单进行分类整合。

智慧校园业务梳理工作以师生办理"一件事"为目标，将部门分散的事项进行有机组合，对表单填写、材料提交、多事项内部流转等各个环节进行流程再造，实现高校各级部门知事、明事及办事。同时，业务梳理为实现智慧校园标签管理提供标准的业务规范支撑。

第四章　智慧校园标签整合

　　智慧校园标签整合是以标签梳理、标签库建设、标签配置管理和标签应用为实施过程，通过给校园用户打标签，为用户建造 360°全域画像，精准分析用户个人属性，进行用户个人标签的关联与管理。标签整合以业务梳理为基础，应用用户画像方法、用户画像聚类模型和基于用户画像的信息资源推荐模型等方法，解决"信息利用低效""资源共享困难""身份管理混乱"等难题，达成师生全生命周期信息管理，完善校园信息智能推送，保证师生能方便的管理自己在校产生的多维数据，并且可以通过标签关联，快速高效地完成个人业务办理或关联事项审批，加强高校自主化管理，提升高校信息化服务质量，为实现"一网通办"的精准服务、个性化服务提供有力的智能支撑。

4.1　问题的提出

　　目前高校各类信息系统的建立，不仅方便业务部门进行业务的处理，也沉淀了大量与老师、学生个人相关的数据和资源信息。数据来自不同时期、不同系统、不同应用等，数据来源繁杂且无法高效使用，同时，由于高校智慧校园建设中没有统一对用户进行属性分析，存在用户身份多样性的现实问题，导致高校无法统一有效地管理和匹配师生用户的个人信息，无法量化分析个人行为对高校业务整体发展产生的影响，亟待建立和整合各类人员标签，以解决以下三类问题。

1. 信息利用低效

目前高校教职工、学生、离退休人员的个人数据分散在高校的各个业务系统中，调用起来十分不方便；另外，校园的通知公告、新闻等这些渠道类的消息非常多，作为高校层面，对于信息的发送均是以公开推送的方式进行，对于用户来讲没有一个自我应允的消息接收渠道，不仅未体现信息的唯一性，且使这些信息失去了原有的价值，难以加以高效利用及区分。

2. 资源共享困难

由于资源的局限性，高校在发展的过程中仍不断地探求资源共享的理想模式，然而由于高校在其前期发展过程中的目标定位不清晰，直接引发了高校在资源共享中的一些问题，从而降低了高校资源的有效性与社会效益。随着高校的深入建设，目前急需解决高校资源共享困难的问题，例如图书资源、教师资源、研究室资源没有统一的管理，师生想要去预约，流程依然十分繁杂且预约存在壁垒。

3. 身份管理混乱

在信息化建设的今天，高校中每个人的身份都是多样化的，高校官方认定的处级干部也有可能是"华山学者"或是"单位一把手"，此种现象导致我们在处理需要关联身份的通知公告、业务审批、会议活动时处理时限过长，业务办理不够便捷。由于高校没有一个统一的标签数据库去支撑管控这些身份，导致高校管理者在想要用这些身份的时候，无法将其进行智能高效的匹配。

4.2 关键算法分析与设计

4.2.1 用户画像方法

1. 模型简介

在用户画像模型构建过程中，通过建立向量模型对描述用户资源需求的数据信息进行科学、有效地描述和权重计算，利用节点表示信息资源，节点大小代表用户对某一具体信息资源的访问次数，各节点间连线的粗细度代表用户对某一信息资源的需求强度。依据得到的信息资源权重值的不同，用户对某一具体信息资源的需求也得到了量化表示。基于上述分析，按照用户及用户群体的数据信息分析流程，基于用户画像技术的信息资源个性化推荐服务模型可具体分为数据基础层、数据处理层及数据挖掘层。

2. 实现过程

数据基础层是用户画像模型的根本所在，其所需的用户基本固定数据和动态变化数据主要来源于学校教务系统、科研系统、图书馆系统、财务系统、移动服务平台及其他信息系统等，包括用户关于信息检索、网页浏览、信息资源收藏及下载、教学评价、关注及互动等具体操作的数据信息。数据基础层整合、贯通各系统服务平台的数据信息，主要起到数据收集和获取的作用。

数据处理层的作用是将用户基本固定数据和动态变化数据进行整合及处理，利用数据处理技术对获取到的用户基本固定数据和动态变化数据进行前期处理、数据分析等数据处理步骤，形成数据集群，并对不同类型的数据信息依据权重排序，获得用于用户画像的有序数据集合。

数据挖掘层是用户画像建模的核心层，主要利用通过数据处理层获取的有序数据集合，结合已建立的标签模型库(包括信息资源搜索特性、个人特征、评价、转发、浏览等)，利用聚类、关联分析等数学处理方法对用户及用户群体进行聚合分析，建立用户个人画像库及用户群体画像库，完成用户画像的构建。

针对建立的用户画像库及用户群体画像库的具体模型，按照用户及用户群体的潜在资源需求及目前资源需求的不同，依次将信息资源数据集合与其进行匹配，并将获取的与用户画像模型相对应的信息资源以可视化方式呈现在信息资源交互平台上(包括资源介绍、资源查找路径、个性化服务等内容)，进一步增强信息资源显示的直观性，方便用户及用户群体的查找，提高信息资源的利用率，为用户及用户群体提供科学、高效的信息资源个性化推荐服务。

3. 模型流程框架

数据基础层整合、贯通了各系统服务平台的数据信息，主要起到数据收集的作用。数据处理层的作用是获得用于用户画像的有序数据集合。数据挖掘层主要利用通过数据处理层获取的有序数据集合，结合已建立的标签模型库对用户及用户群体进行聚合分析,建立个人画像库及群体画像库,完成用户画像的构建。模型流程框架如图 4.1 所示。

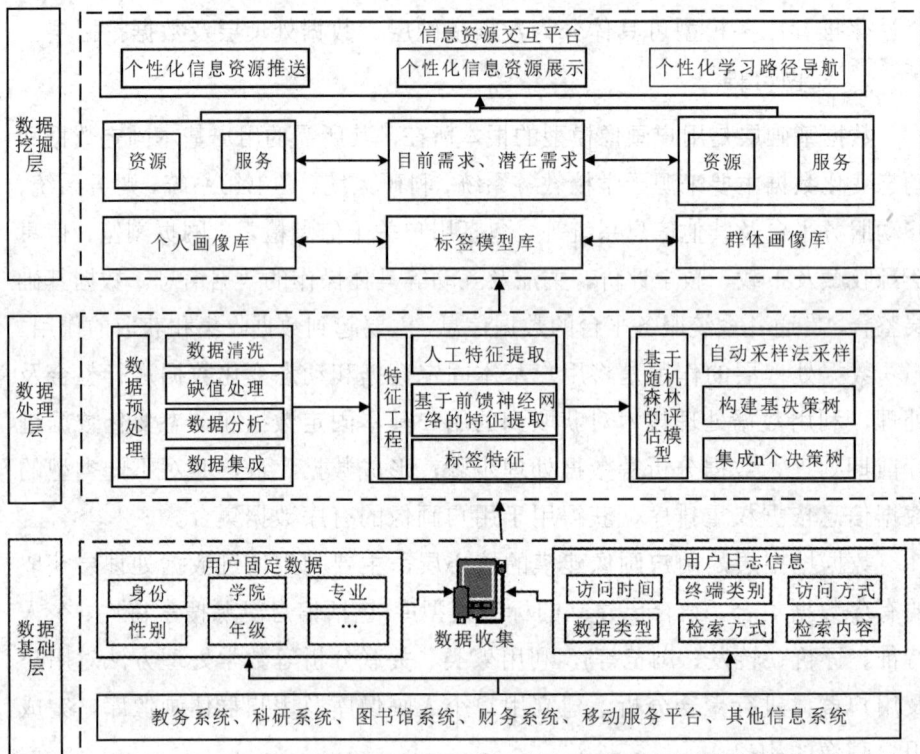

图 4.1　用户画像模型流程框架图

4.2.2　用户画像聚类算法

1. 算法简介

K-means 算法是一种简单的迭代型聚类算法,采用欧氏距离作为相似性指标,从而发现给定数据集中的 K 个簇,且每个簇的中心是根据簇中所有值的均值得到的,每个簇用聚类中心来描述。假设簇划分为$(C_1、C_2、…、C_k)$,μ_i 是簇 C_i 的均值向量,聚类目标是最小化平方误差 E:

$$E = \sum_{i=1}^{k} \sum_{x \in C_i} \| x - \mu_i \|_2^2 \tag{4-1}$$

2. 实现过程

(1) 创建初始划分，即待分类集合 U 中随机取 k 个元素，分别作为 k 个簇的中心。

(2) 分别计算其余的各元素到 k 个簇中心的相似度，并将这些元素分别划归到相似度最高的簇。

(3) 根据步骤(2)的结果，重新计算 k 个簇各自的中心，计算方法是取簇中所有元素各自维度的算术平均数。

(4) 对于 U 中除去新的簇中心的所有元素，按照步骤(2)的方法重新聚类。

(5) 重复步骤(3)和步骤(4)，直到本轮聚类结果与上轮聚类结果相异性小于设定阈值。

(6) 将最终的聚类结果输出。

3. 算法研究思路

K-means 是一个反复迭代的过程，选取数据空间中的 K 个对象作为初始中心，每个对象代表一个聚类中心；对于样本中的数据对象，根据它们与这些聚类中心的欧氏距离，按距离最近的准则将它们分到聚类中心所对应的类；将每个类别中所有对象所对应的均值作为该类别的聚类中心，计算目标函数的值；判断聚类中心和目标函数的值是否发生改变，若不变，则输出结果，若改变，则返回。算法研究思路如图 4.2 所示。

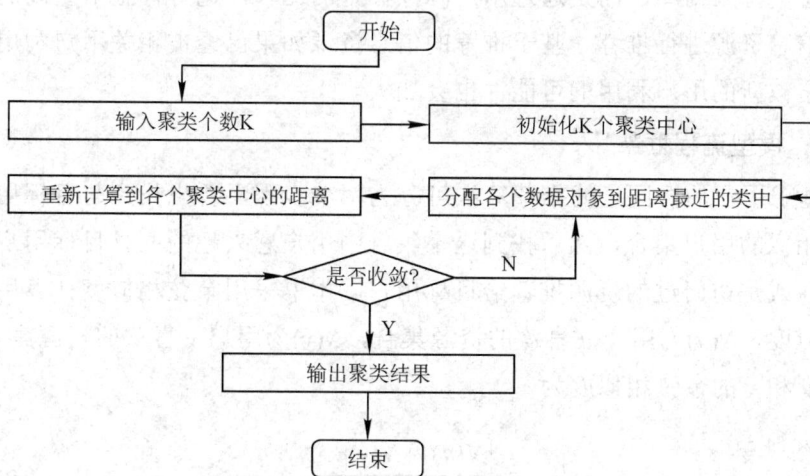

图 4.2 基于 K-means 的用户聚类算法研究思路图

4.2.3　基于用户画像的信息资源推荐模型

1. 模型简介

使用用户画像进行信息资源推荐的最直接方式就是利用完整、全面的标签体系，在用户需要的时间，根据用户的浏览兴趣进行针对性的推荐。这种服务方式不仅可以在用户画像系统中实现，即利用电子邮件的方式，将新的与其最近研究兴趣有关的信息资源如学术文献、工作通告、官方推文等推送给该用户；也可在信息资源服务系统中实现，即在信息资源服务系统中融合用户画像系统，在用户查询信息资源时，利用动态构建的用户画像获得用户感兴趣或者关注的信息资源，并实时为用户推荐。

2. 实现过程

使用用户画像进行信息资源推荐主要通过相同或者相似的浏览主题进行关联。当两个用户之间通过浏览主题产生关联的时候，我们可以通过比较用户的访问频率和检索习惯这两个标签，来进行信息的传递，也就是说可以将访问频率高的用户，以及检索习惯中任务向导型检索用户和技巧依赖型检索用户的检索方式、访问数据库以及访问的信息资源推荐给关联的其他相关用户。信息系统在向用户推荐信息资源的时候不仅仅是简单的匹配信息资源数据库，而是通过用户画像标签的比较，选择标签质量高的用户的信息资源进行推荐。基于推荐的信息资源如果已经被相关用户利用，那么它被新的用户利用的可能性也会加大。

3. 模型流程框架

基于用户的协同过滤推荐算法可分为两个步骤，首先找到与目标用户兴趣相似的用户集合，然后找到这个集合中用户感兴趣的并且目标用户没有关注或是访问过的资源推荐给目标用户。本书采用余弦相似度计算用户的相似度，$N(u)$ 为用户 u 喜欢的资源集合，$N(v)$ 为用户 v 喜欢的资源集合，那么 u 和 v 的余弦相似度为

$$W_{uv} = \frac{|N(u) \bigcap N(v)|}{\sqrt{|N(u) \times N(v)|}} \tag{4-2}$$

　　在进行信息资源推荐时，首先需要从用户集合中找出与目标用户 u 最相似的 k 个用户，用集合 $S(u, k)$ 表示，将 S 中用户喜欢的资源全部提取出来，并去除 u 已经喜欢的资源。对于每个候选资源 i，用户 u 对它感兴趣的程度用如下公式计算：

$$P(u, i) = \sum_{v \in S(u, K) \cap N(i)} W_{uv} \times R_{vi} \tag{4-3}$$

其中，R_{vi} 表示用户 v 对 i 的喜欢程度，在推荐系统中只需将用户感兴趣的排名靠前的几个资源推荐给其他用户即可。模型如图 4.3 所示。

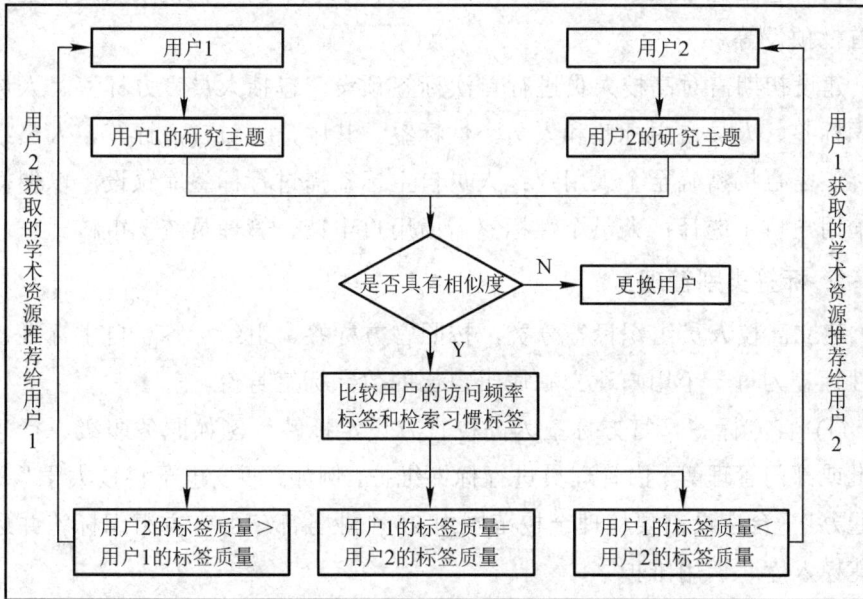

图 4.3　基于用户的信息资源协同过滤推荐模型图

4.3　标签整合过程

　　标签整合的过程分为四个部分。首先是标签梳理，通过标签梳理调研，分类标签整合类别，设置标签整合权限，完成标签的调用使用；其次是标签库建设，搭建标签体系进而建设标签功能库；再次是标签配置管理，完成标签添加、标签配置、标签统计和个人标签整合；最后是标签延展应用，实现个人空间建设、业务审批权限调用、智能校园信息推送、组织机构消息发布、师生信息管理和入校师生智能导航等应用。

4.3.1 标签梳理

1. 标签梳理调研

对高校人员进行标签梳理的对象包括但不限于高校目前所有行政单位、二级学院、官方组织、大型社团及大型校外组织(校友会、离退休群体);梳理内容包括但不限于人员官方组织架构、单位部门审批权限以及自主标签首批预设等。

建设初期需对高校人员进行首次标签预设,包括人员官方标签、人员组织标签、人员自主标签和人员个性标签。其中,人员官方标签、人员组织标签需直接精确至个人用户;人员自主标签需进行标签库预设,以便提供给用户自主选择;人员个性标签需由用户申请,管理员统一审核。

2. 标签类别管理

建立高校人员组织标签分类,按照官方标签、组织标签、自主标签、个性标签为每一个用户建立独属于自己的数字标签身份。

(1) 官方标签。官方标签为高校官方设定标签,例如职务职级、行政审批或部门管理等。由管理员进行标签维护,例如,西安电子科技大学"一网通办"平台建设需要梳理全校范围内 26 个业务部门的官方组织标签并进行建模入库、调用维护。

(2) 组织标签。组织标签为高校活动社团、校外组织等机构建立属于本团体的组织标签,由建立人(创始人)进行申请,管理员进行维护。例如,西安电子科技大学"一网通办"平台需建设包括类似高校工作小组、学生组织、校内高层次人才、校外高层次人才等组织标签模型不少于 100 个,并为全校人员提供身份信息的标准化输出。

(3) 自主标签。自主标签是由系统预设大量常用人员标签,例如兴趣爱好、家乡、历届校友等标签。高校可进行预设标签,例如,西安电子科技大学"一网通办"平台建设需为高校全体师生预设平台自主标签不少于

100 个并进行建模入库、调用维护。

(4) 个性标签。个性标签由用户自己进行个人添加，用户申请后由管理员添加到自主预设标签。个性标签不仅打造了高校师生个性展示窗口，也为高校心理辅导、贫困补助等提供大数据支撑。

3. 标签权限管理

通过标签权限管理，保证各业务部门的标签审批和统一管理，与高校"一网通办"服务门户的个人工作进行深度融合，保证部门管理人员通过统一入口进行操作。

(1) 官方标签。官方标签由高校人事处统一预设，管理员统一管理，此类标签用户可用于对外展示，用户无权添加、修改或删除。

(2) 组织标签。组织标签由建立人(创始人)进行申请，管理员进行维护，此类标签用户可用于对外展示，用户无权添加、修改或删除。

(3) 自主标签。自主标签由管理员统一预设维护，此类标签用户可做展示使用，用户个人可选择添加或删除，但无权限修改。

(4) 个性标签。个性标签由用户自己进行个人添加，用户申请后由管理员添加到自主预设标签。个性标签可快速添加、快速修改或删除。

4. 标签调用使用

高校人员标签建设后，应同步开发部分人员标签的延伸应用，如第三方系统调用(审批应用、会务组签到、组织短信发送、教师主页等)或校内人员分类查看(按照权限不同可查看不同群体人员)；人员数据治理完善，帮助高校数据治理人员信息部分的完善；智能推送，校内新闻资讯、热点事项的精准推送。

4.3.2 标签库建设

1. 标签体系搭建

标签体系是标签库的内涵，标签体系的建设也是一个运营过程，初期可建立基础标签库，应用过程中再根据实际业务需求和数据质量增加和调整标签。通过统一标签整合规范，量化追踪标签质量。

(1) 确定系统结构,建立标签之间的基本网络联系。标签分类根据高校真实需求结合业务需求,将标签分为官方标签、组织标签、自主标签和个性标签。标签命名原则具有如下特性:真实性,根据资源实际情况进行描述命名;合理规范性,将标签进行科学分类,对命名进行合理规范,标签命名不可涉及相关敏感字眼;统一性,将标签涉及字段进行统一规范,例如涉及年龄、岁数、年纪等字眼,系统只定向抓取"年龄"字眼;标签属性,从属性来看,标签可分为人口标签(自然属性和社会属性)、地域标签、行为标签、交易标签和消费标签等。每个一级类目下可根据观察维度进一步拆分子类目标签,以消费标签为例,我们可以从学生在高校食堂就餐次数、高校超市消费能力等维度进行观察,综合各项标签数据,我们可以得到该学生的贫困指数。

(2) 数据收集。系统结构搭建好之后,就可以开始收集标签的内容和用户的相关原始数据,从而搭建好标签体系网络。

(3) 权重划分。对标签的内容和用户进行详细分类,并计算不同类别的权重系数,使之符合实际应用情况。不同的标签种类应赋予不同的权重,比如官方标签经高校官方认证,由官方授予,该类标签应用于高校业务审批、高校通知公告、热区事项办理及场景化的模型应用,帮助高校实现服务事项的快速办理以及服务资源的快速使用,提升高校整体服务效能,属于标签体系中权重最高的部分;组织标签为高校官方组织、活动社团、校外组织等机构建立的群体组织标签,可应用于组织内的事项审批、重要事项公布等,是标签体系中不可或缺的部分;自主标签是由系统预设大量常用人员标签,例如家乡、运动或爱好等,此类标签一般只做展示应用,所占权重较小;个性标签由用户主动申请,管理员统一审批维护,权重最小。

(4) 体系测试、问题修正及体系扩充。标签体系基本搭建好之后,要进行标签批量的测试,便于发现体系中存在的问题。可以通过系统或者人工的方式修正标签体系测试中发现的问题,并且不断优化修正算法。随着新内容的增加,相应的标签体系也要不断地进行扩充和调整,让标签体系满足用户使用要求。

2. 标签库功能建设

标签库的核心功能包括标签创建、标签查询、用户群生成、用户群推送、标签元数据、标签导入与导出这 6 项，其他的诸如标签编辑、标签停用、标签下线、标签评论、标签审批、标签推荐、安全管理等为次优先级。

1) 标签创建

标签库需精准对接高校数据交换平台，平台可基于数据开发平台的元数据一键生成标签，标签库需约束其功能的范围。

2) 标签查询

标签查询可以按照各个维度、各个字段进行检索，支持按关键词、热度排名等方式来建立标签，并且提供标签搜索热词以及搜索词提示与纠正功能。

3) 用户群生成

用户群是指在特定标签规则下某一类用户的集成，用户群生成包括用户群计算、用户群分析和用户群拓展三个模块。

用户群是标签库最核心的功能，主要包括配置标签属性、配置标签逻辑关系、配置用户群属性三个部分。配置标签属性指根据需要配置标签属性；配置标签逻辑关系指根据需求可以调整标签之间的逻辑关系，包括且、或、剔除等；配置用户群属性包括根据需求配置客户属性，是否共享、周期性及是否产生其他信息。用户群在投放前需要进行多维度分析(比如位置、区域、性别、年龄、总量等)，方便对用户群做出进一步调整，在拓展实践中可通过放宽标签设置条件来拓展用户群。

4) 用户群推送

(1) 统一出口，没有出口的标签库是没有价值的，标签库需要对外开放，能够将用户群按照一定的接口规范，通过标准化的交互接口，提供给外部系统进行使用。

(2) 实现数据闭环，推送出的数据需跟踪到渠道投放情况，形成数据闭环，有利于标签优化，为下一步工作的开展打好基础。

5) 标签元数据

标签元数据是整个元数据管理体系的一部分，主要包括对标签数据来源、数据处理过程、数据建模过程、标签口径、标签效果等说明，透明化的首要目的就是让这个标签值得信任，业务人员敢用，其次是方便核查问题，但标签的元数据很难做好，比如效果的自动获得对于投放的闭环要求非常高。

6) 标签导入与导出

标签可通过智能配置应用于大量非流程审批、活动通知、审批应用等；亦可通过 Excel、Word 等形式进行外输，方便管理人员查看、分析与使用。

4.3.3 标签配置管理

对高校标签模板进行统一管理，包括对官方标签、组织标签、自主标签、个性标签的管理，如增、删、改、停等。标签配置管理界面示例如图4.4 所示。

图 4.4 标签配置管理界面示例图

1. 标签添加

(1) 组织架构添加。可通过预设的人事处组织架构对高校人员标签进行首次添加，包含部门性质、行政审批等；其中部门标签添加界面示例如

图 4.5 所示。

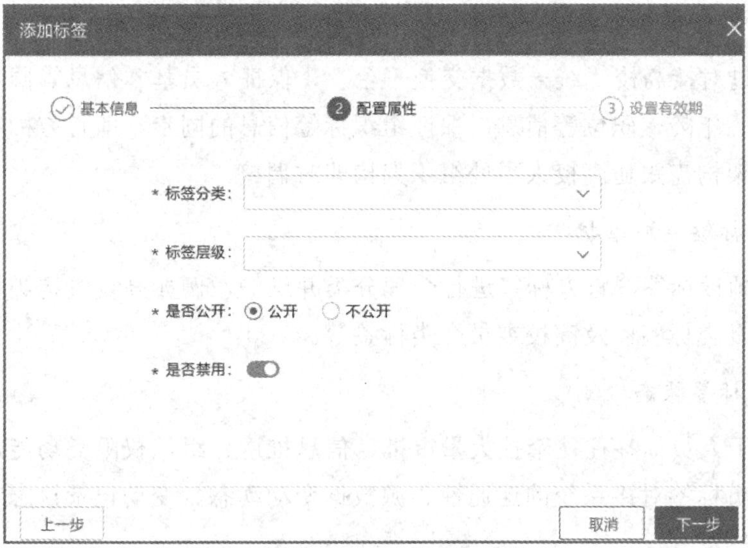

图 4.5　部门标签添加界面示例图

(2) 人员信息添加。可通过条件筛选，如通过人员工号、人员姓名、人员单位进行筛选，精准定位高校用户，确定新增人员并进行标签绑定。人员标签添加界面示例如图 4.6 所示。

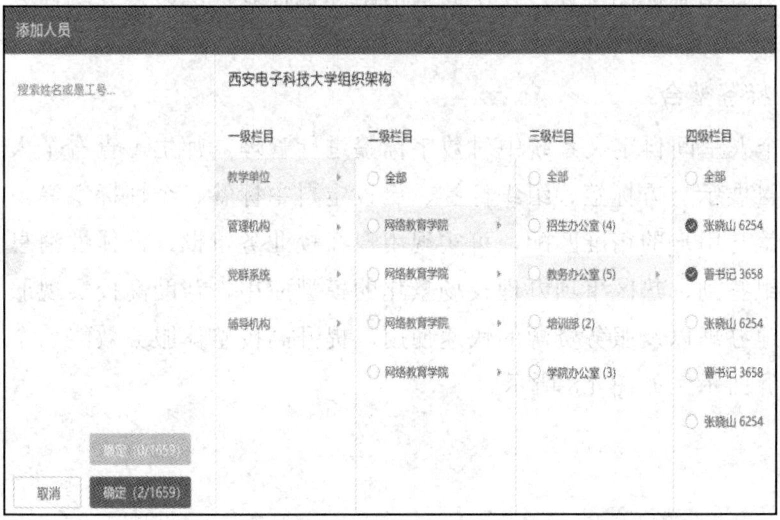

图 4.6

图 4.6　人员标签添加界面示例图

2. 标签配置

1) 同步数据交换

通过对接高校"统一数据交换平台",保证人员基本信息等同步,例如姓名、年龄、职位等信息;保证组织标签信息的同步,即官方标签中人员组织架构需跟随高校人事处组织架构即时调整。

2) 标签类别维护

对预设标签、官方标签进行合理分类并维护,例如高校机构类标签、高校审批类标签以及高校委员会类标签等。

3) 标签状态检测

由于人员标签往往牵扯大量审批、信息推送、组织权限类功能,因此需对人员标签对接系统的连通性、源数据变动动态、变动记录日志实时更新与通知。

3. 标签统计

针对全校范围内各类型标签的集中统计,包括官方标签、部门标签、自主标签及自定义标签的标签数量及使用人员总数的统计。以周/月为单位对高校标签进行动态监测统计,便于高校清晰知晓标签概况。标签统计界面示例如图 4.7 所示。

4. 个人标签整合

用户在个人空间自定义系统中对数字标签进行管理,师生可查看个人基本信息、可展示官方标签、组织标签、已设定自主标签、个性标签等。通过个人标签与用户的精准匹配,可实现用户在校业务审批、群体性消息发送、会务组签到、热区事项办理及场景化的模型应用,帮助高校实现服务事项的快速办理以及服务资源的快速使用,提升高校整体服务效能。个人标签整合界面示例如图 4.8 所示。

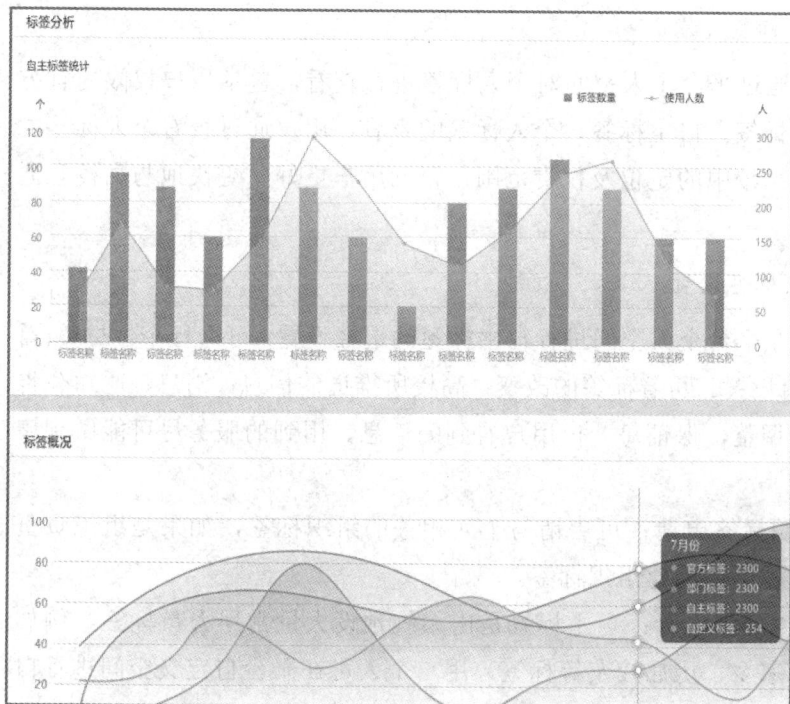

图 4.7　标签统计界面示例图

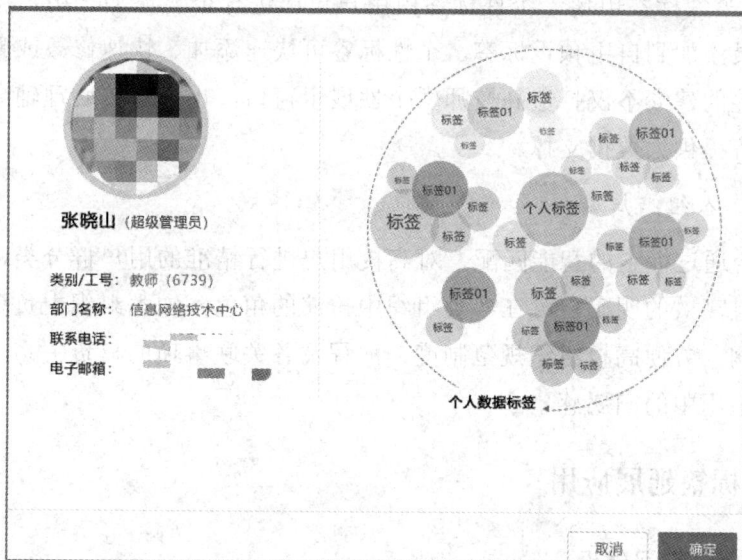

图 4.8　个人标签整合界面示例图

1) 个人标签查看

用户可通过平台个人空间对个人标签进行查看，包括用户权限内官方标签、组织标签、自主标签、个人标签的查看，用户通过查看个人标签，明确个人在高校中的定位及权责范围，帮助用户更好、更快地与高校互通互联。

2) 个人标签设置

用户可在平台个人空间进行自主标签的选择设置；可进行个性标签(自定义)的申请设置。随着标签的改变，高校所推送的信息、消息、通知公告等也会随之调整，保证每一位用户看到的信息、用到的服务尽可能做到精准匹配。

(1) 组织标签申请：可申请与个人相关的组织标签，如果是组织负责人，可向高校申请创建组织标签。

(2) 自主标签选择：自主标签是由系统预设大量常用人员标签，例如兴趣爱好、家乡、历届校友等标签，用户个人可在平台自定义空间进行自主标签的选择、添加或删除，但无权限修改。

(3) 个性标签申请：个性标签由用户自己进行个人添加，用户申请后由管理员添加到自主预设标签。个性标签可快速添加、快速修改或删除。个性标签的建立不仅打造高校师生个性展示窗口，也为高校心理辅导、贫困补助等提供大数据支撑。

3) 个人组织归属

平台通过标签的智能匹配，对高校用户进行精准的用户群分类，使用户清晰且高效的明确自身在各类组织中扮演的角色，知悉组织中负责人员的结构网，方便高校组织规范制度、流程及各关联事项的权责关系，提升用户在组织中的归属感。

4.3.4　标签延展应用

1. 个人空间建设

个人空间为用户提供专属空间服务功能，服务对象注册登录后可以自由维护其空间信息。服务对象登录到对应的"我的空间"能够查看与其相关的所有信息的聚合，包括数据中心、任务中心、消息中心等。个人中心可针对用户的消息收发情况进行数据统计汇总，并以图表的形式为用户展示本周、本月、本年的消息收发情况，以及个人权限额度的使用占比等。

平台建设与个人相关的热区服务包括但不限于个人日程管理、个人一卡通管理、个人图书借阅、个人体检管理、个人工资管理、个人报表管理6大服务，为用户"网上办事"提供便捷服务。

1) 个人信息展示

整合高校不同角色、不同类别、不同业务系统等日常高校管理过程中的大量信息，完成个人信息的统一展示。

(1) 学生信息：包含学生身份信息、学号、竞赛信息、违纪以及荣誉等。

(2) 管理教师信息：包含教师身份信息、职务信息、课时量、教学研究、科研项目以及获奖等。

(3) 专职教师信息：包含教学信息(教学质量、教材统计、教学获奖、学生就业)、科研信息(科研项目、科研获奖、论文、专利、专著)、人事信息(教职工基本信息、人才引进、人才称号)以及对外交流信息(学术交流、国内外进修培训)等。

2) 个人服务聚合

对接高校已有的业务系统、数据交换中心等系统平台，打造个人服务总台，让用户可以通过个人空间即时看到办理的业务信息、咨询信息以及收藏的服务入口等。

(1) 业务系统：用户个人空间可实现高校一卡通系统、财务系统、迎新系统、科研系统等系统的一键跳转，节省用户时间，方便师生"办事"。

(2) 服务平台：通过对接高校服务门户及数据共享平台，打造互通互联的个人信息空间，高效聚合高校用户个人信息，为用户服务聚合打下基础。

(3) 便利服务：通过对高校用户日常工作需求调研，设置校园便利服务，例如党费计算、校车预约、故障报修、教室预约、研讨室预定、校园地图、天气预报、日历助手、办公电话、医疗服务、失物招领和公交地铁查询等，为师生提供便利，使"个人空间自定义系统"不仅包含用户聚合式的信息展示，更是高校师生的日常服务小助手。

(4) 热点事项：通过个人空间热点事项板块，高校师生可及时了解高校热点事项(疫情最新防控公告、科研信息以及教职工任职信息等)，加强高校与师生之间的联系。

3) 平台热区建设

建设与个人相关的热区服务，需建设"个人日程管理""个人一卡通管理""个人图书借阅""个人工资管理""个人报表管理"这5大服务。每类热区服务需开发单独二级界面进行展示。平台具体建设热区如下：

(1) 个人日程管理。

用户可管理个人在校日程安排，通过信息匹配，用户将准确获得行程安排、工作安排、活动会议、论文答辩、考试论证等时间计划。除此之外，用户可自主设置消息提醒，并对需要回执的活动等即时回复响应。

师生可以使用"个人日程"来预先安排和管理自己的各项待办事务，包括师生在服务门户的各类咨询、建议或投诉。进入"个人日程"主页面后，首先显示本人已录入的当天个人待办事务，可将已经完成和未完成的个人事务用醒目的图标进行标记，还可点击日期标题两边的箭头，来显示前一天或后一天的个人事务，点击"今天"按钮即显示当天的待办事宜，点击"按日"或"按周"或"按月"按钮时，则可分别按日、周、月显示个人待办事宜，在待办事宜显示页面中，点击某一待办事宜的标题可修改(编辑)该待办事宜的内容等信息。可新增和编辑待办事宜，点击"删除"按钮则可删除当前的个人日程。

(2) 个人一卡通管理。

用户可通过一卡通服务热区完成高校一卡通新开、充值、消费记录查看、资源使用查看(如通过一卡通借阅图书、进出高校等)等业务办理，个人一卡通管理界面示例如图4.9所示。

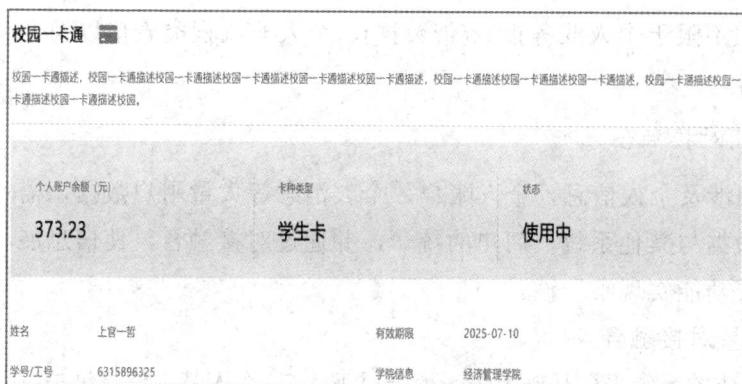

图 4.9

图 4.9　个人一卡通管理界面示例图

（3）个人图书借阅。

用户可通过图书借阅热区完成在校期间个人图书借阅、书籍资源查询、图书归还信息查询、个人图书相关统计及图书评价等功能。个人图书管理界面示例如图 4.10 所示。

图 4.10

图 4.10　个人图书管理界面示例图

（4）个人工资管理。

用户可以通过个人工资管理热区对自己的工资信息进行管理，包括绑定银行卡、绩效奖金等。

（5）个人报表管理。

个人报表管理通过对接高校表单数据资源，完成用户对自己个人报表的管理，包括但不限于个人业务报表(带数据)、个人非流程类表单以及个人自定义表单等。

4) 个人空间对接融合

平台建设中涉及个人信息、个人账户、个人消息等大量用户数据，需完成这些用户数据与其他系统、门户的统一，并通过对接融合，使信息展示、消息发送等功能实现唯一性。

(1) 个人配置对接融合。

在高校已完成的系统平台基础上统一聚合以下入口：个人基本信息维护绑定、手机绑定、邮箱绑定、密码强度以及密保问题。系统平台可查询历史办件记录，对提交的历史材料进行调阅下载管理，对评价记录进行管理，订阅感兴趣的相关服务信息，也可以直接查询服务事项并进行预约、申报等操作。

(2) 个人事项对接融合。

深度对接高校服务门户以及各重点业务系统，满足用户对个人任务、个人办事进度进行查看并点击办理包括"办件信息""待办事项""待签收事项""待处理事项""办件汇总"等，便于用户查看。

(3) 消息发送入口统一。

高校部门业务系统多数已实现消息的发送，为保证实现统一消息发送，需明确消息发送端口的统一性，避免重复发送，造成用户使用的不便。

2. 业务审批权限调用

依据高校真实需求，通过标签绑定用户个人的相关业务审批，明确用户业务审批权限，帮助用户提速工作过程，提高工作质量，规范工作秩序，落地高校的业务规则，使规范流程高效运转。

3. 智能校园信息推送

通过平台中标签的动态管理，精准分类推送，让每条消息都可精准匹配。平台为用户推送个人相关的高校通知类信息，实现智能校园信息推送。用户可在个人空间设置个人标签，随着标签的改变将推送不同的信息。除此之外，通过设置消息推送模板，实现模板消息的定时发送。模板消息应实现业务数据导入、信息数据自动匹配等功能。

4. 组织机构消息发布

平台针对高校组织机构人员智能匹配相应的标签，实现高校各组织机构消息一键发布至高校各特定用户群的功能，节省高校师生消息通知时间，优化通知过程，提高消息利用率，帮助高校更高效地进行消息管理。

5. 高校师生信息管理

通过对接高校统一数据交换平台，管理师生在校基本信息，为师生开学入校提供数据支持。管理数据包括但不限于如下几个方面：

(1) 教师：基本信息、学科信息、科研信息、行政信息、图书信息、年终考核以及职称评审等。

(2) 学生：基本信息、迎新信息、住宿信息、缴费信息、图书信息、班级专业信息、学科信息以及活动信息等。

根据不同年级学生展示信息会有所不同，例如高校在每年开学期间给大一新生、研一新生推送迎新信息、入校需办事项信息、学年任务信息、校园信息以及热点信息等。

6. 入校师生智能导航

在平台的消息模块中，通过 APP 消息、微信企业号、短信等多类移动终端在学年开始前根据人员标签信息不同向高校师生提供不同的入学导航信息。

(1) 入校信息。

根据学年任务的不同，提供给师生不同入校信息导航，如疫情上报、校园疫情防控等实时性信息。新员工入职导航如图 4.11 所示。

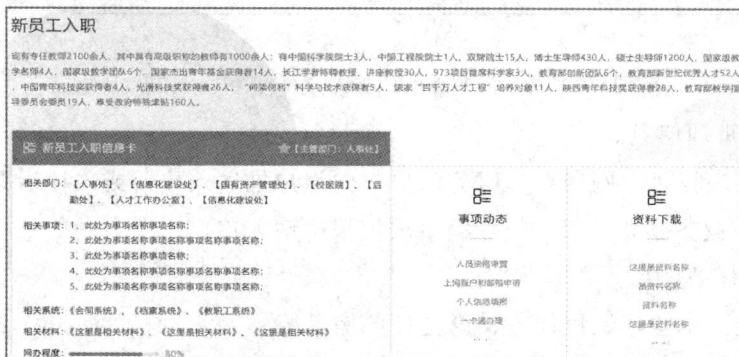

(a)

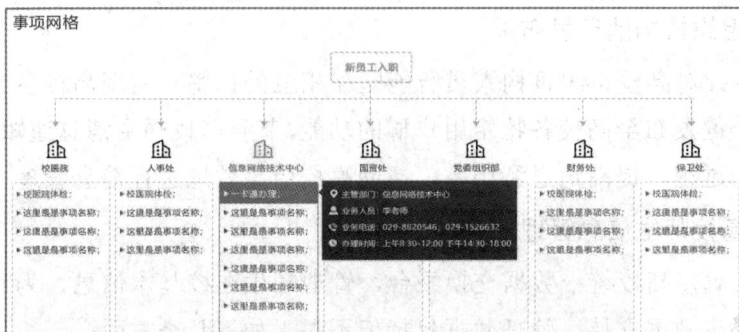

(b)

(c)

图 4.11 新员工入职导航图界面示例图

(2) 事项信息。

对接高校"一网通办"服务门户，向用户推送入校前或入校后即刻需要办理的业务办理入口、统计类事项填报申请入口。

(3) 任务信息。

学生：本学年课程任务、论文任务信息等。

教师：本学年教学任务、考核任务、科研任务以及论文任务等。

(4) 校园信息。

向高校师生定向推送包括高校学年实验室、自习室、图书资源、设备资源等公开使用资源信息。

(5) 迎新信息。

针对大一新生在入校前发送高校概况、专业介绍、校友名人、就业情况分析；在运行权限内实现高校微信企业号的绑定，并引导新生进行校园账号申请、校园一卡通申请、校园网办理等相关迎新事宜。

(6) 热点信息。

向师生定向推送高校热点信息，例如学生会信息、入校社团信息或校友联谊会信息。

4.4　标签整合效果

4.4.1　师生全周期信息管理

将从入校开始在师生个人空间建立师生服务轨迹，通过对事项办理、社团加入、学科成绩、兴趣爱好的综合分析，从入校就开始建立师生虚拟个人属性，形成个人数据的良性循环。通过对接学校统一数据交换平台，管理师生在校基本信息，为师生开学入校提供数据支持。管理的信息范围包括但不限于：教师的基本信息、学科信息、科研信息、行政信息、图书信息、年终考核以及职称评审等；学生的基本信息、迎新信息、住宿信息、缴费信息、图书信息、班级专业信息、学科信息以及活动信息等。根据不同年级学生展示信息会有所不同，例如学校在每年开学期间给大一新生、研一新生推送迎新信息、入校需办事项信息、学年任务信息、校园信息以及热点信息等。对师生自入校起产生的信息进行管理后，最终期待达成的效果包括信息数据的分级管理以及信息资源的目录管理，并通过主数据管理系统分对主数据信息变更进行全周期的记录。

1. 信息数据分级管理

平台对接高校统一数据交换平台以及高校各业务系统数据。这些高校信息资源将采用三级认证保证数据的官方与权威,三级认证分为:一级数据为高校官方认证数据;二级数据为教师个人可证明但无高校认证数据;三级数据为教师自录数据,需通过审核后方可纳入系统中使用。

2. 信息资源目录管理

系统的信息资源库是以树形结构展现在系统中的,可支持七级目录。系统默认超级管理员或知识库管理员才有权限对一级目录进行添加、修改或删除。二级和二级以下目录的采编权限,可以赋予其他有修改权限的用户。点击信息资源库的目录节点时,系统界面右侧可以显示当前目录下的知识点列表。

3. 主数据管理子系统

通过主数据的定义将要素信息维度进行掌握,通过维度的掌握和数据库 CRUD 的方式,对主数据信息变更情况进行全生命周期的记录,并同时记录下数据信息变更的时间,实现一个主数据对象的数据变更记录,并通过变更记录的实现,可还原主数据生态变化情况。利用对象数据库的存储结构,将变化作为节点的分支存在主数据库中。通过此类变化可轻松地展现数据的全生命周期,改变要素数据的末态数据问题。还可通过时间轴的方式,轻松的还原数据变化的过程和详细变化情况。

4.4.2 一体化消息推送体系

一体化消息推送体系可帮助全校部门实现通知类消息、业务类消息、部门消息的发送,并将各种形式和类型的消息进行整合,实现消息入口统一和消息标准统一,解决消息繁杂和准确性低的问题。个人消息中心界面示例如图 4.12 所示。

一体化消息推送体系为用户提供消息处理、数据展示、回执统计、咨询交互以及监察监管等服务,其中包含消息发送、

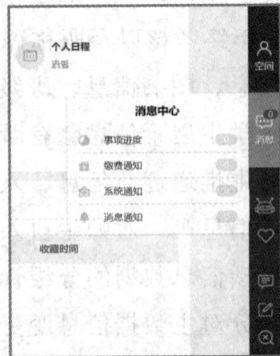

图 4.12 个人消息中心界面示例图

消息查收、反馈汇总、个人日历等功能。为用户提供一站式、个性化、智能化的消息交互体验。一体化消息推送管理应用包含以下几个部分：

(1) 基础应用：包含数据总览、发布中心、消息管理、通讯录、个人中心、工作台以及消息自定义模板。

(2) 数据总览：通过数据图表展示校内消息发布情况，包括个人信息发布/接收情况，院系/部门信息发布情况以及院系/部门消息响应度等。

(3) 发布中心：管理者可在此发布各类消息，可编辑消息文本，选择接收人范围、接受媒介或发送时间等。

(4) 消息管理：包括收件箱、已发送、草稿箱、已删除以及消息设置等。

(5) 通讯录：包括联系人列表、对话框和状态调整，对话形式包括文本、表情、图片、语音或视频等。

(6) 个人中心：包括个人基本信息、个人日历、常用申请和个人数据展示等功能设计。

(7) 工作台：管理者可在此进行相关消息发布、权限提升、建议投诉回复等审批，同时可查看消息反馈汇总详情并下载。

4.4.3　构建 360°全域画像

360°全域画像是基于不同的标签人群(专任教师/管理教师/学生/领导)，提供针对性的数据统计展示。平台采集师生上网轨迹产生的大量行为数据，包括身份特征、个人喜好、社交属性、学习轨迹等，以用户为核心进行画像分析，通过对这些数据进行处理，提取有用的数据进行分析，形成师生全周期画像分析。通过对师生的画像分析，得出师生的习惯喜好，从而为师生提供个性化的内容推荐、应用推荐或资源推荐等；通过师生的日常兴趣订阅，智能发送消息通知，在师生需要某类校园资源的时候系统能够主动地向其推送相关服务内容，做到"推我所想，推我所爱"。360°全域画像示例如图 4.13 所示。

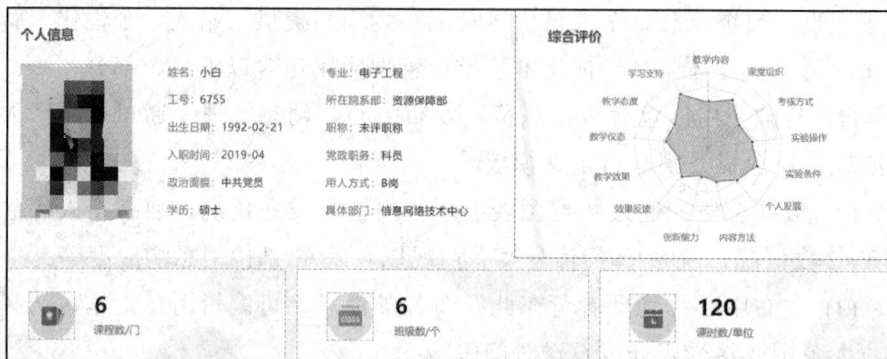

(a)

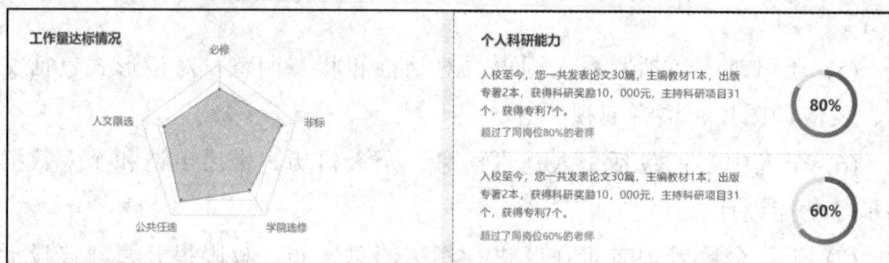

(b)

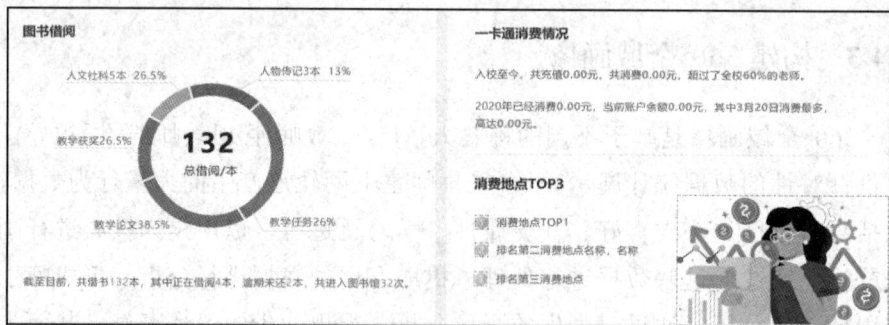

(c)

图 4.13　360°全域画像示例图

4.4.4　明确业务审批权限，提升学校服务管理效能

通过自定义标签整合系统的建设，精准匹配用户服务管理权限，实现标准化用户标签。帮助学校明确各业务部门的审批权限，生成标准的网上

审批标签及各类事项/消息/会议活动的可关联标签，帮助业务部门和管理人员在各类业务审批中优化工作过程，提高工作质量，规范工作秩序，落地学校的业务规则，使规范流程高效运转。

本 章 小 结

　　智慧校园标签整合的建设以"用户服务"为核心点出发，通过给用户打标签完善高校标签体系，关联匹配相应信息，完善校园信息智能推送。依据高校人员管理和用户服务需求，将用户在校的多维标签进行分类管理，统一集成，搭建高校标签信息库，将人员标签细分为官方标签、组织标签及自主标签。通过对接学校统一数据交换平台，对师生自入校起产生的信息进行管理，最终形成对信息数据的分级管理和信息资源的目录管理并通过主数据管理系统对主数据信息变更进行全周期的记录；一体化消息推送体系可帮助全校部门实现通知类消息、业务类消息、部门消息的发送，并将各种形式和类型的消息进行整合，实现消息入口统一和消息标准统一，解决消息繁杂和准确性低的问题；通过对师生的画像分析，实现为师生进行个性化的内容推荐、应用推荐和资源推荐等；通过精准匹配用户服务管理权限，可以帮助业务部门和管理人员在各类业务审批中优化工作过程，提高工作质量，规范工作秩序，落地学校的业务规则，使规范流程高效运转。智慧校园标签整合是实现智慧校园智能融合的黏合剂。

第五章 智慧校园智能融合

智慧校园智能融合指的是以物联网与云计算为基础的校园工作、学习和生活的一体化环境建设过程，以各种应用服务系统为载体，完成跨部门业务融合、场景与专题建设融合及空间融合。智慧校园智能融合过程通过工作流模型和跨部门业务协同模型的应用，解决"业务系统隔离，办事效率低下""目标导向不明，业务导航模糊""信息技术冲击，物联互通阻塞"等难题，将教学、科研、管理和校园生活进行充分融合。智慧校园智能融合是在标签管理基础上实现"一网通办"的最后一个关键步骤，旨在为广大师生提供一个全面的智能感知环境和综合信息服务平台，提供基于角色的个性化定制服务。

5.1 问题的提出

目前，高校智慧校园建设中，一般围绕学校主系统，各业务部门会建立各自的业务系统用于处理关联自己部门的业务。实际运作过程中，师生所办的业务往往需要多个部门协同处理，线下在多部门之间奔波，线上则重复申请、填报，尤其是高频业务事项处理需要反复经历这些烦琐工作，其中主要涉及以下 3 类问题。

1. 业务系统隔离，办事效率低下

在高校的运作过程中，有很多强关联的业务。例如，从学生主体视角出发，学生的入学、迎新工作、缴费管理、学籍管理、一卡通管理等需要

多部门参与，且很多业务具有强关联性，而这些数据的获取可能需要从多个部门管理的多个系统中查询。除此之外，业务办理也需要用户在不同系统中操作(伴有重复性操作)，从而会使工作变得烦琐，降低效率。

2. 目标导向不明，业务导航模糊

高校学生从入校到毕业，高校老师从入职起便会接触学校中大大小小的很多学习、工作、生活的场景，小到保修、缴费，大到采购、年终考核，各种烦琐浮躁的业务流程很多时候会让师生在各个业务部门之间奔波，甚至走了很多弯路，做了很多无用功。如何针对师生在校园中的具体场景设计清晰明朗的业务导航，使师生真正享受信息化建设的福利，成为高校信息化建设的重要课题。

3. 信息技术冲击，物联互通阻塞

近年来，大数据、云计算、物联网、区块链、移动网络等各种新型信息技术快速推广普及，对高校信息化形成了巨大的挑战冲击。高校纷纷建立云计算中心、覆盖整个校园的移动网络、各类布置传感器的实验(实训)室、校园监控平台等，搭建了支撑校园信息化的资源空间、虚拟空间，并得到了广泛应用，但如何将高校的物理空间(教室、图书馆、实验室等)与资源空间、虚拟空间融合，打通物质硬件与虚拟网络系统，为校园管理提供及时、准确、便捷的服务支持，是当下智慧校园建设亟待解决的问题。

5.2　关键模型分析与设计

5.2.1　工作流模型

为了适应现实业务需求，更好地服务高校师生，针对解决高校跨部门业务融合的问题，本书设计实现了基于工作流的跨部门业务协同融合管理系统，对业务流程不断整合升级，不仅增强了业务管理灵活性，更加快了业务办理，提升了整体服务效率。

1. 模型简介

工作流是体现业务活动的一种形式化的模型，指定了流程在执行过程中用到的所有参数，包括对流程涉及的每个环节的定义、负责每个环节的人员、每个环节执行的顺序和条件以及创建活动所需的应用程序等。工作流由一系列相互衔接的业务活动构成，活动执行者由人和计算机组成，拥有明确的运转逻辑准则，能够实现自动流转和状态监控。

2. 实现过程

工作流的实施需要三个基本步骤：映射、建模和管理。映射是确定并且文档化组织内现有的全部手工和自动化的业务流程；建模则是开发一个有助于建成流线型业务过程的模型；管理是软件实施以及跨越全部工作部门、业务单元甚至是整个企业的无缝系统集成。

(1) 建立项目管理办公室：这是建立工作流系统的第一步，也是最重要的一步。项目管理办公室的成员须经过严格谨慎的挑选，包括各部门的业务、运营、IT以及审计等成员。产品供应方的产品专家、技术支持人员和管理人员也必须参与其中，与用户互补。每个成员的角色和责任必须定义清楚。项目管理办公室从整体上确立项目的实施范围、目标、实施时间框架以及优先级，也负责管理和跟踪项目进度、设定检测项目是否成功的指标，以及定期向高层汇报项目状况等。

(2) 业务分析：项目组将分析用户现有的业务流程，找出哪些流程需要优化和改进以达到上佳效果，并分析每个流程的时间线和期望的结果。项目组将与关键人员进行座谈，收集和鉴别正确的信息及数据，从而决定工作流系统如何满足需求。接下来的业务分析将辨别出哪些流程可以被优化、自动化和流线型化，而哪些流程需要重新设计。

(3) 确定目标：确定目标是建立在业务流程详细分析的基础之上的。工作流项目的目标定义应该清晰并可以进行验证。在实施过程的每一个阶段，项目组必须确认达到的结果是他们所期望的结果。例如，如果目标是缩短开发票周期两周，则必须分析现有的时间跟踪、记账和开发票等流程。为了确保工作流系统能够"无缝地"实施到组织机构中，必须遵从已经定义好的、经过实践确认的行之有效的工作方法，并且在每个工作阶段必须有可以度量的结果。

(4) 确定工作流模块：确定实施计划目标确立后，由用户和软件供应商组成的项目组展示工作流解决方案具备的各种模块，根据用户提出的特定需求来定义他们的功能和特性，并基于业务的优先级，共同决定每个模块的上线时间。

(5) 建模：将业务流程在工作流系统中建立模型。在实施过程中建立业务模型是一个极其重要的步骤，用户应当紧密地同软件产品应用专家进行合作，在易用性和功能需求之间达到平衡。用户可以在部署阶段前对模型进行测试，以确保该模型符合实际要求且没有过多的开销。需要指出的是，如果这个建模步骤没有完全正确地完成，将导致错误的报表或者多余的管理工作。

(6) 实现流程和软件集成：在这个阶段，项目组将确定现有的需要与工作流系统交互的流程与系统。如果处理不当，则新旧流程的集成将导致失败。流程集成的一个重要作用就是在多系统之间消除或者最小化冗余数据，并在多个系统间复制这些数据。流程必须紧密集成，数据必须能跨越不同的流程和应用，顺畅流动。

3. 模型流程框架图

工作流是组织通过计算机完成业务流程管理的结构化或非结构化的计算机模型，它所解决的主要问题是流程处理的自动化。在工作流引擎的驱动下，通过一组定义明确的逻辑准则来实现用户之间任务流转和信息交互，并且能够对其监控和维护，从而提升业务处理效率和规范性。平台的工作流模型流程框架如图5.1所示。

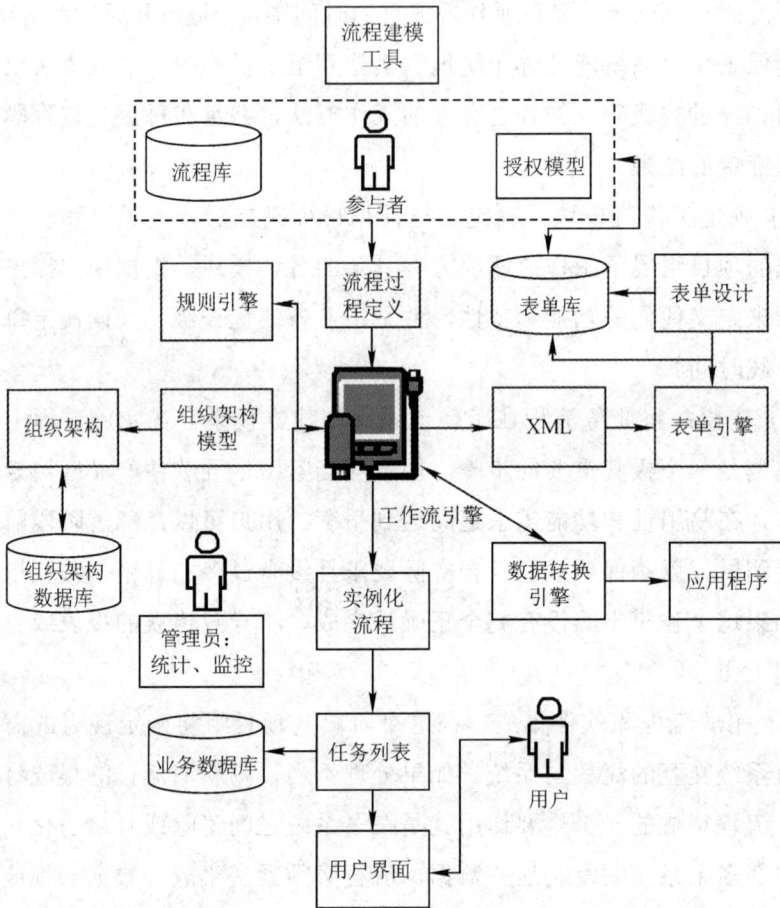

图 5.1 工作流模型流程框架图

5.2.2 跨部门业务协同模型

1. 模型简介

本书研究的高校跨部门业务协同系统中共涉及三个角色,分别为一般用户、业务人员和系统管理员。一般用户是业务流程中包含的所有参与者,主要是高校师生和各部门行政人员,他们可以在系统的业务办理模块创建业务流程实例、处理待办业务,还可以在信息显示模块中查看通知公告和个人业务办理情况;业务人员主要负责业务流程构建和业务数据集成工作,利用集成的各独立系统的数据作为支撑，进行业务表单设计和流程建模，使现实中繁杂的跨部门协同业务转移到线上稳定执行；系统管理员主要负责管理业务流程和组织架构,包括监控业务流程数据的变化和对流程模型、实例进行监控，并管理基础数据，定期维护组织架构。

2. 实施过程

系统主要分为五个模块，分别为信息查询模块、业务办理模块、业务流程构建模块、业务数据集成模块和系统管理模块。

(1) 信息查询模块是用户登录系统的入口，用于接收通知公告和查询个人办理业务的进度，流程服务的进度将通过该模块反馈给用户。

(2) 业务办理模块是发起业务流程实例的服务窗口，也是处理待办流程的界面，所有的跨部门业务流程都将展示在业务办理模块，形成流程服务大厅的模式。

(3) 业务流程构建模块处在整个系统的中心位置，作用是承接底层庞大的业务数据，为上层一般用户提供简洁高效的业务办理服务。在实际应用中，一般用户的关注点在于系统能够提供办理哪些业务，以及自己创建的业务目前的办理状态，他们没有必要也通常不会关心业务流程中更细粒度的问题，而这些细粒度的问题将在业务流程构建模块借助工作流平台完成业务流程建模和表单的绑定管理，并结合后台代码处理业务逻辑，使业务流程有序高效运行。

(4) 数据是信息化建设及应用的核心，业务数据集成模块在整个系统中是业务流程访问数据和应用数据的基础。该模块存在的意义是通过数据集成技术形成系统数据中间库，一方面清洗冗余数据，解决不同数据源数据不一致等问题，整合多方数据，支持本系统中业务流程涉及的各个业务部门多方协同、历史数据共享和广泛协作；另一方面为下一步大数据处理或者实时数据处理工作挖掘数据潜在价值，为用户提供决策支持和主动服务打下基础。

(5) 系统管理模块的主要功能是管理用户权限，维护各部门组织架构基础数据，对审批流程的各个环节明确限定负责人及权限，并且监控分析流程执行实例，合理分配系统资源，提高流程管理的安全性和效率。

3. 模型流程框架图

系统总体架构分为四层，分别为表示层、流程服务层、中间数据层和基础数据层。用户通过浏览器访问系统前端界面，流程服务层负责处理用户请求并将处理后的数据返回前端，中间数据层集成基础数据层中的数据为流程服务层提供数据支撑并完成数据的持久化存储。平台的跨部门业务协同模型流程框架如图 5.2 所示。

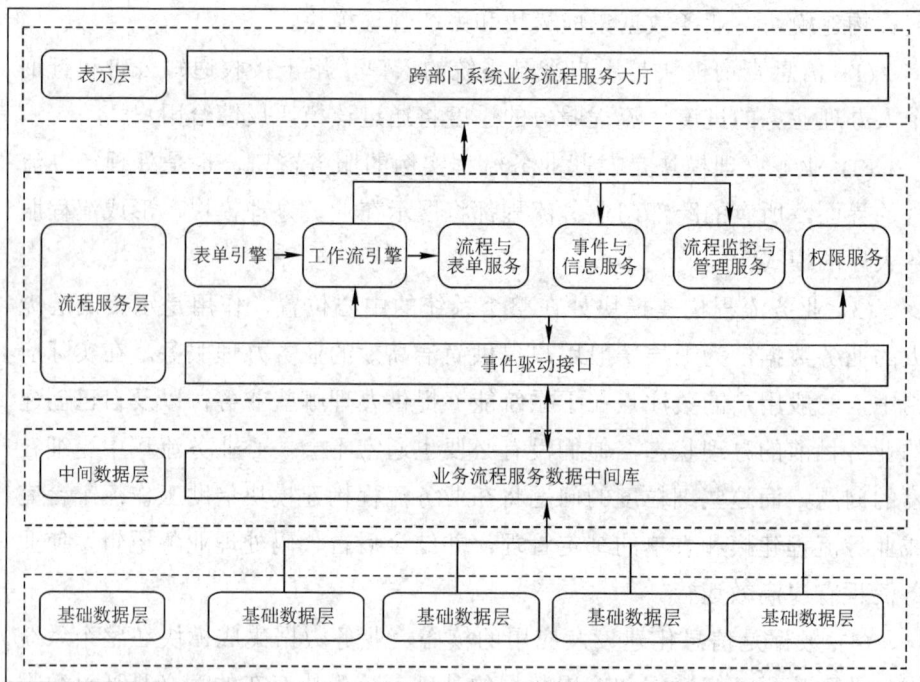

图 5.2 跨部门业务协同模型流程框架图

5.3 智能融合过程

智能融合过程分为三个部分。首先是跨部门业务融合，通过构建以用户为中心、以需求为导向的开放管理体系，重建组织结构，再造业务流程，完成跨部门业务的有效融合；然后是场景与专题建设融合，聚类高频业务内容，形成不同的业务专题，聚集业务处理相关部门，形成业务场景，融合场景与专题，高效处理高频业务；最后是空间融合，通过物联网、云计算、大数据、虚拟现实等技术实现高校物理空间、资源空间和虚拟空间的深度融合。

5.3.1　跨部门业务融合

1. 开放管理体系

构建开放管理体系，以用户为中心，以需求为导向，持续改进技术和管理，为高校智慧校园建设提供有价值的信息化全程服务。以构建开放运维管理体系为例：以完善的运维服务制度、流程为基础，以先进、成熟的运维管理平台为手段，以高素质的运维服务队伍为保障，统一标准、统一规范、统一服务，打造完整、规范、科学、开放式的管理体系。智慧校园开放管理体系如图 5.3 所示。

图 5.3　智慧校园开放管理体系图

2. 重建组织结构

对已有的高校组织结构进行分析，把高校层级、机构个数作为批判对象，从精简、扁平化等角度进行建构，但是机构的多少和服务质量的好坏并不存在必然的联系。目前行政性的组织机构结构主体间平等未能实现，行政权力和学术权力始终未能形成博弈态势，教授治校的可能性"也被高估"。与高校人的行为、需求、理性相应的组织功能应该是引领、服务、组织和监管。

1) 组织文化建构

在高校行政体制整体改造之前，淡化组织行政等级，强化高校组织文化建设。组织文化包括组织规范、组织的基本假定和信念、游戏规则、理念等。组织文化建构可以帮助教师理解大学生活的含义，包括教学、科研可供使用和获准使用的方法。群体价值影响那些价值取向各不相同却有类似相同方向的行为，这就是结构效应。大学从理想主义追求到世俗生活泛滥，在高校体量的扩张到达一定程度时文化资源的拥有和分享重要地影响着高校组织的生命历程。"人格之独立、思想之自由"这些成就杰出的高校品质需要高校组织淡化行政结构，虚拟组织概念，通过组织内的成员的选择、行动而把组织具体化。通过学校各级领导富有热情的、关心人的、信任人的、有挑战性的组织工作激发教职工的高生产率。领导以治学的精神管理和引导学校的个体发展，不但要有支配资源的权利，更应有引发变革的能力，以激发教师完成组织任务的活力、对组织拥有忠诚和奉献的精神、对组织和组织理想赋予感情依附，不但可以激发教师遵守组织中制约他们行为的制度和规范的意愿，而且也促使他们把组织理想作为个人价值，从而为实现组织的预期目标而精神饱满地工作。

2) 人力资源储备和开放的组织结构

教育组织与其他组织不一样在于其教育使命，学校必须是有助于成长(包括学生、教师和行政人员等所有人的成长)的教育组织，尤其是在高校教师专业发展过程中，需要有优秀的教学团队、科学团队的传帮带。个体的行为和判断由来自纵向上级以及横向同辈的阶层压力决定。优秀团队会不断促进成员的学习进步和个人成长与发展，鼓励其不断成熟，增加其自信，更重要的成为与各级正式组织平等对话的平台，实现从科层制到合作的组织和工作授权方式。目前的组织方式中，期待更多基于个体发展需求的自主团体的诞生。学术共同体的出现可以有效改变学术组织残缺、行政权力泛化的现象。理想的组织着重于合作、和谐、协作，通过培养人们的合作精神，实现单靠个人努力而不能实现的目标。个人的成长与团队的成长、团队的成长和学校的成长融为一体，一个利于成长的组织环境不但使个体受益，也为组织积累了宝贵的财富。

3) 相互制衡的组织架构

高校组织改变依赖于学校中组织、建构和分配各类资源的方式。如果组织是封闭的，则需要处理内部动机和需要的关系。如果组织是开放的，则需要学校组织的地位、博弈的力量和资源处理学校组织与外部系统的关系。许多凭个体无法触及的资源，因为学校组织的地位、作用而更易获取。寻找高校权力稳健而又不保守的核心是：确立两种权力再分配学术资源的主体地位，培育和建构高校学术组织，使行政组织和学术组织保持必要的张力，从而使学术资源在高校发展中得到最佳配置。

一个健康组织必须具有完善的解决问题的方法和合作文化，能鉴别冲突并采用集体合作的方式处理冲突，而不是被对立情绪削弱和毁坏。高校组织改造的结构批判尤其需要这种态度。

3. 再造业务流程

要想为广大师生提供更加便捷、高效的服务，就必须基于全新数据逻辑，对核心业务流程进行科学的再造。以往高校业务流程的建立通常是从管理的角度出发，对用户体验关注较少。在校内数据逻辑日益复杂、跨部门业务逐渐增多的情况下，如果不考虑用户体验，就很容易造成用户办事难、办事繁的情况，从而降低用户满意度。业务流程再造示意图如图 5.4 所示。

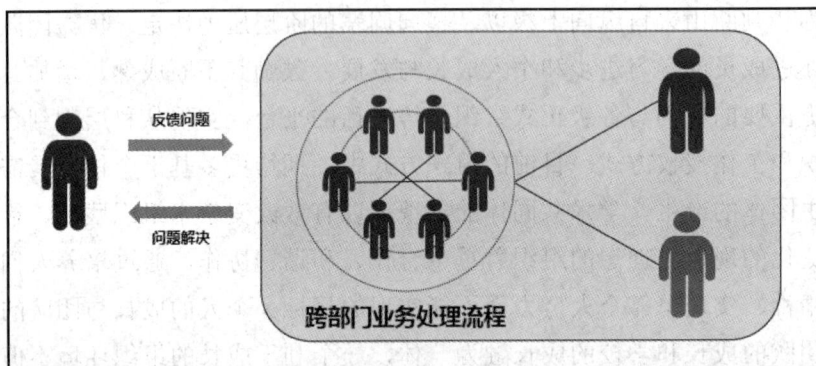

图 5.4　业务流程再造示意图

　　高校核心业务流程再造的基本原则是以用户体验为主要驱动力，打破部门壁垒，让用户真正感受到学校是一个整体。把校内各业务部门的复杂处理流程看成一个整体，封装为一个功能模块。整个业务流程对用户来说是一个黑箱，用户无须感知背后复杂的业务逻辑，能够体验到的只是反馈问题再到问题解决。在遇到某一问题时，用户通过网上平台在线自助申请，后台经过一系列跨部门协同处理操作，将最终结果反馈给用户。尽量减少或避免用户在各业务部门之间游走。

　　要想通过流程再造构建一个优质高效的业务流程，就必须以服务驱动管理创新、以用户体验驱动流程优化。高校的数据治理工作要想取得更大的效益，就必须在建设共享数据中心、构建全新数据逻辑的同时，开始启动对核心业务流程的再造工作。

5.3.2　场景与专题建设融合

　　场景与专题建设融合的大体步骤是：首先聚类师生在校期间需要处理的高频业务内容，形成不同的业务专题；然后聚集处理这些高频业务所涉及的相关部门，形成不同的业务场景；最后融合场景与专题，在不同的业务场景中能够集中、高效地处理这些高频业务。核心的场景内容如下。

1. 学生离校场景

　　学生在"一网通办"平台离校场景快速完成离校手续的办理工作，如图 5.5 所示。该场景集各项离校工作于一体，聚合了包括财务、人事、图书馆等多个业务部门的线下表单填报以及线上系统功能。学生离校手续在网上办理，无须东奔西跑。

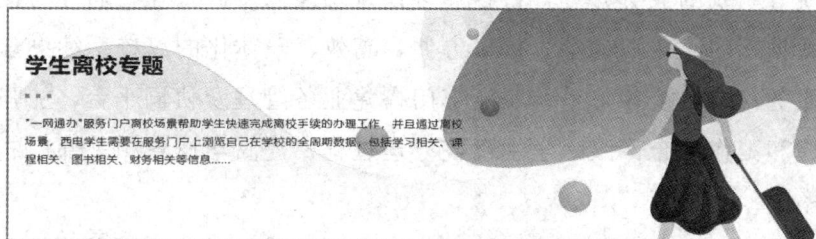

(a)

(b)

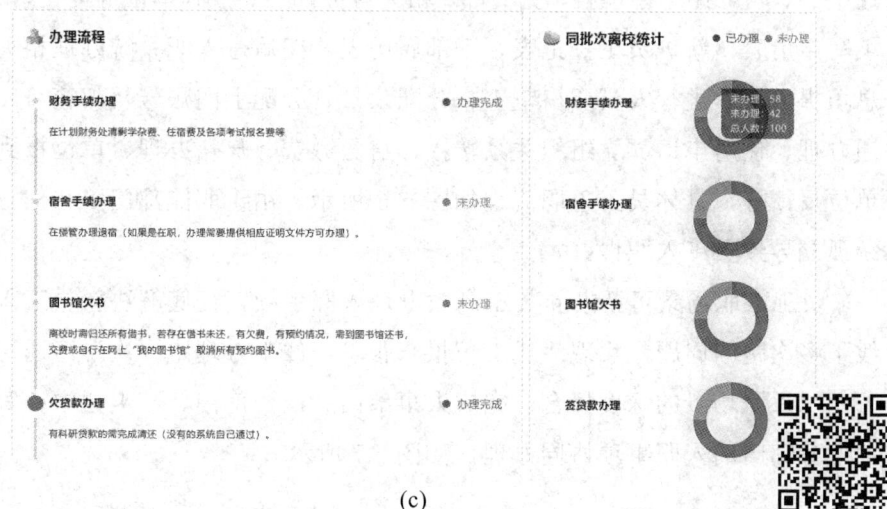

(c)

图 5.5　学生离校场景示例图

图 5.5

通过离校场景完成高校学生日常离校在图书系统、一卡通系统、财务系统等系统的业务办理，将各业务系统功能深度碎片化，通过与校内共享数据库的集成，为学生提供方便、高效、一体化的离校手续办理环境和服务，为学校各院系及职能部门搭建业务管理及协同平台，加强信息流通和工作配合，跟踪学生离校办理过程，提高学校各相关部门的工作效率。

离校场景主要解决学生离校手续办理流程，学生在未登录状态会显示离校办理手续流程公示、本届离校数据分析、离校相关应用入口、离校相关推荐等功能。

离校学生在登录账号后可以快速进行离校手续办理并得到办理须知。通过离校场景，离校学生还可以看到大学四年/研究生三年自己的相关学习情况和基本信息，如图 5.5(b)所示。此外，离校场景会为学生提供就业信息、校友信息等相关推荐功能。

2. 员工入职场景

目前大多数学校新进员工入职时，首先需通过人事处、信息处、一卡通中心、职工住房管理科、党支部、相关财务部门、报到单位等提交材料，填写申请表、新进员工登记表、干部履历表，然后进入职系统办理相关信息填报，最后进行人员资格审查、分配工号、分配上网账号及邮箱、一卡通办理、住房申请、党组织关系转接、财务缴费、户籍办理、单位报到、单位反馈等，具体员工入职流程如图 5.6 所示。由于职能部门多和信息系统孤立导致员工入职慢。

员工入职场景可帮助新员工高效办理入职手续，彻底解决新员工入职线下多次跑的问题，实现"线上填报一张表，线下办理跑一次"。通过服务门户入职场景的深度聚合，完成人事部门、国资部门、一卡通中心等相关业务部门的入职事项协同办理，如图 5.7 所示。

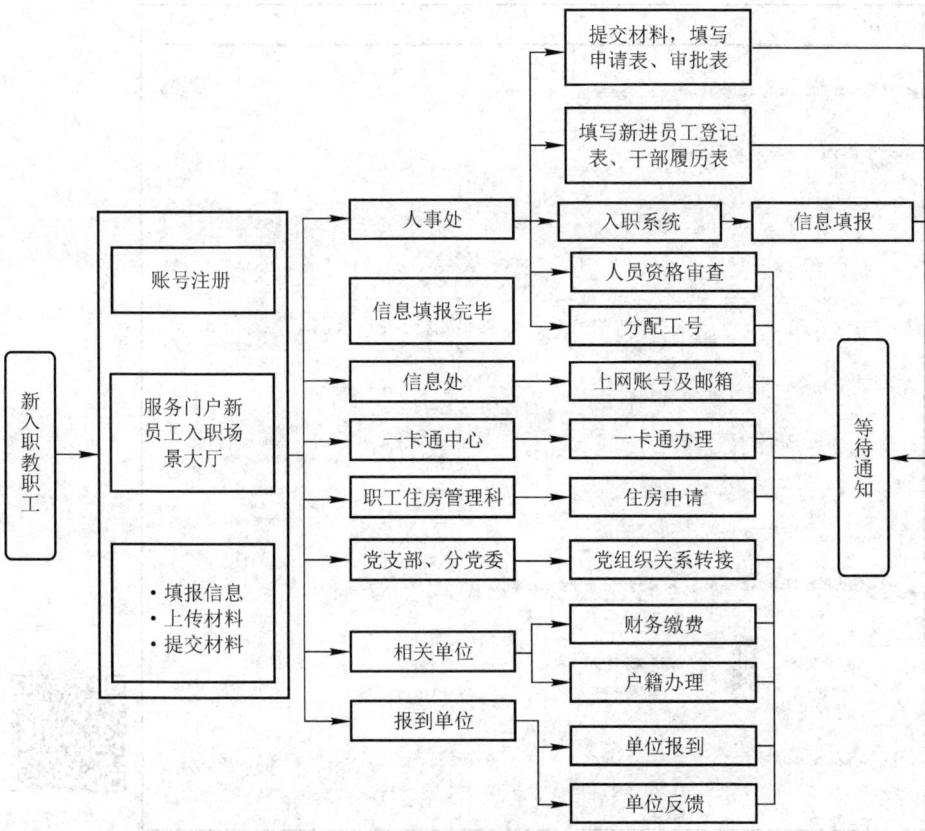

图 5.6 员工入职流程图

(a)

入职办理

01 信息填报 填报新入职员工信息并提交。工资卡为交通银行卡，请线下办理并完善银行卡信息。 [去填报]

02 资料提交 按要求提交以下所需材料。

序号	材料名称	材料说明	数量	获得部门	提交部门
1	行政介绍信	需将正反两面复印在同一张A4纸的正中，并注明本人联系电话。	1	人事处劳资科 地址：明德楼503 电话：02985638854	人事处劳资科 地址：明德楼503 电话：02985638854
2	离职证明	需将正反两面复印在同一张A4纸的正中，并注明本人联系电话。	1	人事处劳资科 地址：明德楼503 电话：02985638854	人事处劳资科 地址：明德楼503 电话：02985638854
3	毕业证复印件	需将正反两面复印在同一张A4纸的正中，并注明本人联系电话。	1	/	/
4	学位证复印件	需将正反两面复印在同一张A4纸的正中，并注明本人联系电话。	1	人事处劳资科 地址：明德楼503 电话：02985638854	人事处劳资科 地址：明德楼503 电话：02985638854
5	养老保险缴费明细	/	1	人事处劳资科 地址：明德楼503 电话：02985638854	人事处劳资科 地址：明德楼503 电话：02985638854

03 业务办理 根据个人需要办理以下业务，按要求前往各部门提交书面纸质材料。

入职档案提交 [必办]	党组织关系转移	职工住房补贴	户籍办理
1.《人事档案》 2.《干部履历本》	1.《这里录材料名称》	1.《体检报告》	1.《西安电子科技大学新进教职工无房专项补贴申请表》
📍 南校区办公楼415	📍 南校区办公楼412	📍 南校区办公楼412	📍 南校区行政楼714
🕐 工作日 9:00 - 17:30	🕐 工作日 9:00 - 17:30	🕐 工作日 9:00 - 17:30	🕐 工作日 9:00 - 17:30
📞 88435519	📞 88435519	📞 88435519	📞 88435519

图 5.7

(b)

图 5.7 员工入职场景示例图

通过对相关业务系统数据的整合，为进入员工入职场景大厅的入职员工提供相关入职信息和单位信息，在线办理入职手续，入职办理流程为信息填报→材料上传(线上)→材料提交(线下)→等待通知→报道起薪，并为入职员工提供各类岗位相关推荐，让员工从入职开始就感受到高校信息化的魅力。

此外，在入职办理过程中，通过服务门户的技术支撑能力，实现入职表单的自动生成和填报，一次录入，重复使用，保证每位入职员工的数据利用高效化。入职表单自动生成示例如图 5.8 所示。

姓名	▓▓▓	性别	男	民族	汉	
曾用名	王飞飞	出生日期		1984-02-16		
籍贯	中国北京	学历		博士		
出生地	北京市朝阳区	学位		计算机专业博士学位		
单位职务		西安电子科技大学信息工程学院讲师				
身份证号码		工资情况	职务工资	档次	C级	工资额 8690
健康状况	良好		级别工资	档次	C级	工资额 1500
何年何月何处参加工作		2016年9月，西安外国语大学计算机学院首次参加工作：				
何年何月何人介绍加入中国共产党，何时转正		2010年12月经李博介绍加入中国共产党，2011年12月转正：				
何年何月加入国共产主义青年团						
何年何月何人介绍加入何民主党派，任何职务						
何时经何机关审批任何专业技术职务或任职资格						

图 5.8　入职表单自动生成示例

3. 信息服务场景

目前高校信息服务随着信息化建设的逐步完善，服务种类和服务数量也在不断增加，这些信息服务事项不仅为信息管理部门增加了大量工作负荷，也不方便师生统一快捷地办理相关事项。

信息服务场景是方便师生在线办理各类信息业务的场景，将师生账号申请、密码修改、缴费充值等日常信息化业务深度聚合，可节省用户线下办理的时间，也可让师生对个人日常信息业务进行统一管理。信息服务场景示例如图 5.9 所示。

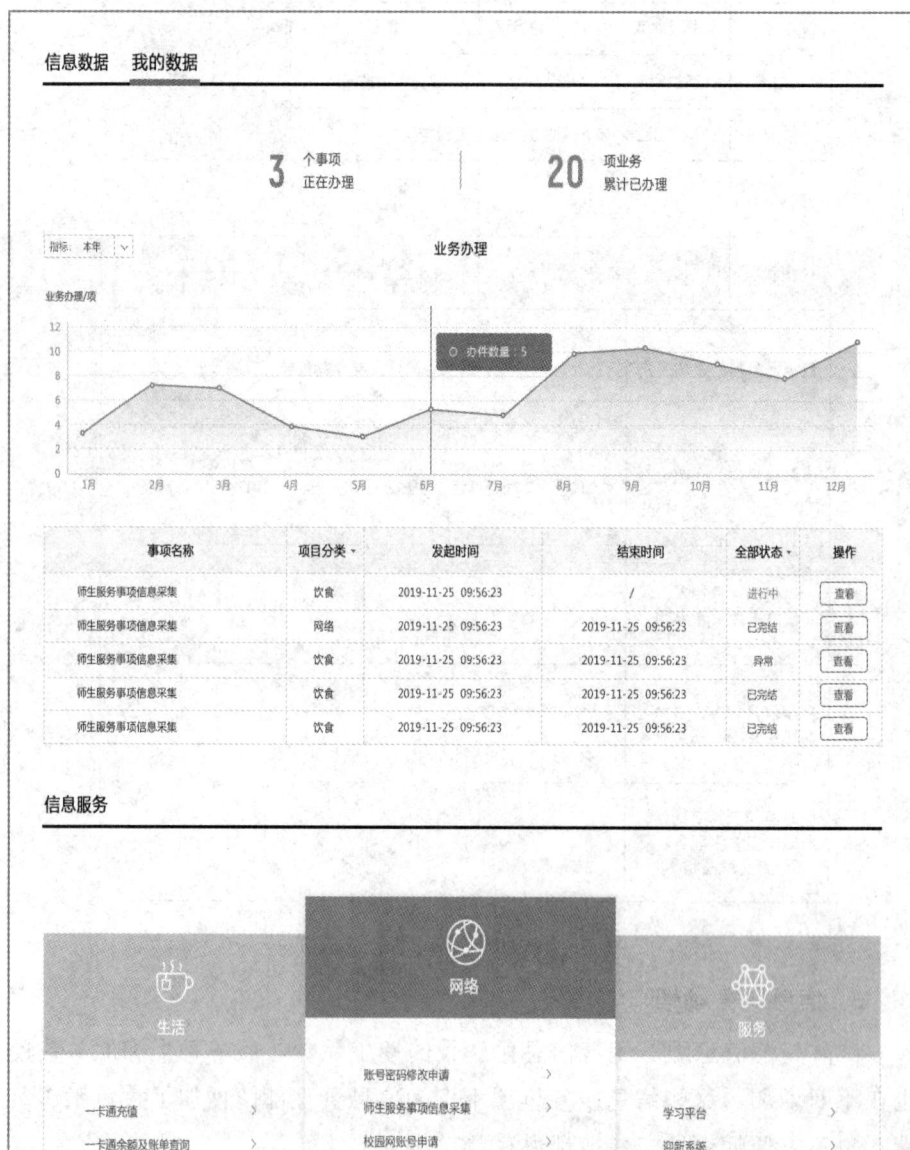

信息数据　我的数据

3 个事项
正在办理

20 项业务
累计已办理

指标: 本年 ∨

业务办理

业务办理/项

办件数量：5

事项名称	项目分类 ▾	发起时间	结束时间	全部状态 ▾	操作
师生服务事项信息采集	饮食	2019-11-25 09:56:23	/	进行中	查看
师生服务事项信息采集	网络	2019-11-25 09:56:23	2019-11-25 09:56:23	已完结	查看
师生服务事项信息采集	饮食	2019-11-25 09:56:23	2019-11-25 09:56:23	异常	查看
师生服务事项信息采集	饮食	2019-11-25 09:56:23	2019-11-25 09:56:23	已完结	查看
师生服务事项信息采集	饮食	2019-11-25 09:56:23	2019-11-25 09:56:23	已完结	查看

信息服务

生活　　　　网络　　　　服务

一卡通充值	账号密码修改申请	学习平台
一卡通余额及账单查询	师生服务事项信息采集	迎新系统
	校园网账号申请	

(a)

图 5.9

(b)

图 5.9　信息服务场景示例图

在该场景中，一般用户可查看自己的各类账号和密码，并申请开通自己没有开通的账号，也可对自己的网络、一卡通、电费等进行充值缴费，还可对一些网络设备等的故障进行报修并对报修进度进行查询。教师用户可在该场景中进行一些业务申请，如二级域名、流量融合、解除 MAC 绑定等。

4. 高校采购场景

目前高校采购事项往往需要经过多个业务系统的流转，但由于业务系统独立造成信息孤岛，业务联通存在堵塞，采购监管困难，并且需要重复统计采购数据。

高校采购相关人员需要用 Excel 填报采购预算，通过采购系统进行招投标工作，同时需要计算采购占比等，合同系统进行合同审核并提交财务处，财务处审核入账后，国资系统需要进行项目入国资操作。此外，审计处还需再次获取项目所有信息以便进行项目把控。

通过打造全校统一的采购与招标管理信息场景，为教职工提供一站式的资产申购服务平台。以采购项目为中心，深度聚合财务、采购、合同、国资等相关业务系统，为管理部门提供一体化的采购管理场景，如图 5.10 所示。

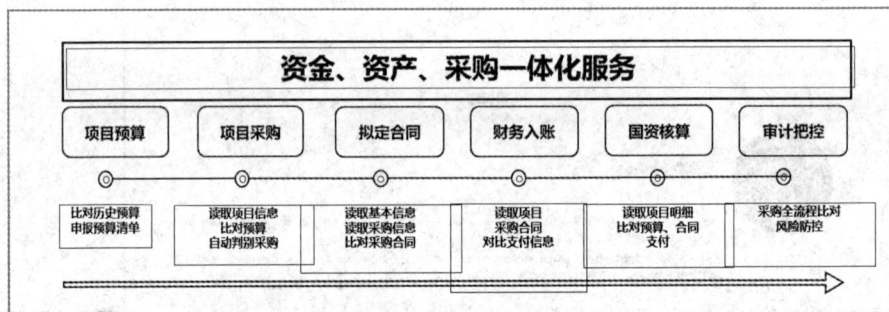

图 5.10　高校采购管理场景示例图

用户在采购场景中可以一站式地完成财务相关、采购相关、合同相关、国资相关的业务办理，无须线上重复填报信息，促进校内采购、财务、资产管理业务协同化，提高项目上报、审批工作的便捷性，整合数字化校园平台，实现数据共建共享。例如，实现供货商信息管理、办公用品信息管理、采购申请管理与物品采购管理等，支持功能定制，最终实现采购信息实时比对，采购进度实时监管。

5. 年终考核场景

目前部分高校的年度考核工作量大，其原因主要在于数据没有汇总，教职工工作没有进行日常审核存档。学校年终考核工作由行政管理人员根据考核指标，制定年终考核登记表，将师德师风考核登记表、教学科研考核登记表、管理教辅考核登记表发放至被考核人，被考核人填写并提交资料后行政管理人员需手动逐一核实。另外，管理人员还需统计学院全年考核整体情况。诸如此类的工作流程导致工作量大，被考核人员基本信息重复提交，管理人员耗时耗力。因此应该通过学校的数据交换技术和标准化信息数据来规范交换制度，准确调用统计相关指标和考核数据类别，完成年终考核工作信息化和高效化。

　　年终考核是在传统的、人为的、主观评定的考核制度基础上制定的一套能够科学、准确地分析及评定教师全年工作的场景，通过设立教师工作日常维护、年底确认来考核表单智能生成等功能，彻底解决教师年终考核反复填报的问题。

　　教师通过该场景可查看自己各项材料是否准确，如有遗漏或错误可以线上向上级领导或部门申请修改，提交至上级审批，等待结果。审批领导在该场景对进行申请的考核表单进行计分核算，最终发布考核结果。该场景遵循客观公正、实事求是、全面考核、注重实绩的原则，客观反映学校各院系教师的工作业绩和工作目标执行情况，以及教师的工作表现和教学成果。从而提高年终考核评定效率，实现场景式办理，如图5.11所示。

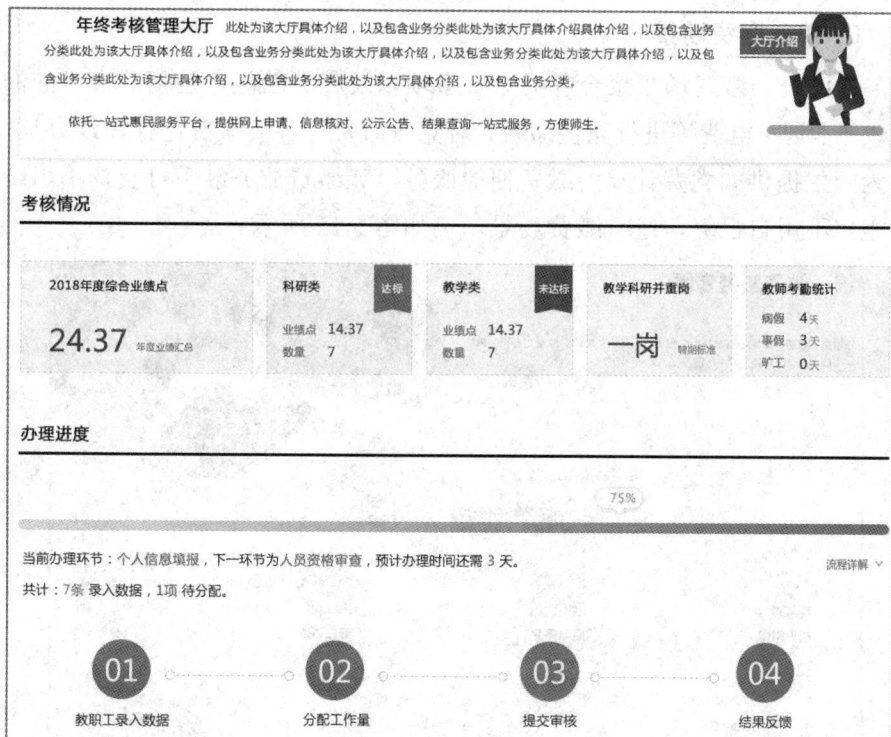

(a)

(b)

图 5.11　年终考核场景示例图

6. 统一缴费场景

通过统一缴费场景聚合各类缴费事项以及相关功能，包括对自己的网络、一卡通、电费等进行充值缴费，对党费缴费等各类缴费进行在线办理，并为师生提供如党费计算的缴费便捷服务，让缴费业务触手可及，不用线下跑，不用自己算，统一缴费场景示例如图 5.12 所示。

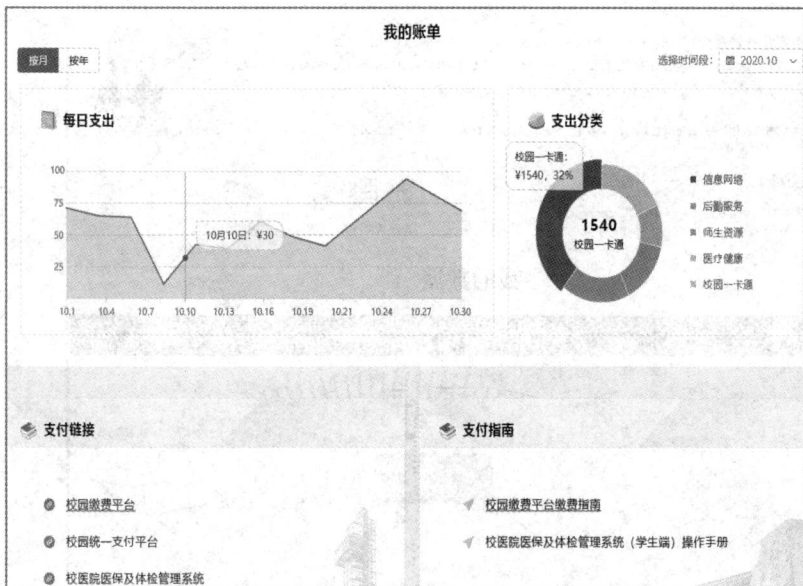

图 5.12　统一缴费场景示例图

7. 资金监管场景

资金监管场景是学校管理层与财务部门查看学校资金动态、监管学校资金使用状态的场景。相关用户可以在服务门户查看项目基础信息到项目资金使用的所有信息，无须进入学校财务系统、科研系统、采购系统等业务系统一一查看。资金监管场景示例图如图 5.13 所示。

各项目负责人和财务部门可在该场景中按照有关要求，依据资金收支记录，如实编制填写上传资金决算报表。管理部门在该场景中可以看到学校资金管理情况和使用的真实性、合法性及效益性并对其进行监督和评价。学校管理层可在该场景中看到各资金使用情况，并对需要审批的资金事项进行审批。

资金监管服务管理大厅 此处为该大厅具体介绍，以及包含业务分类此处为该大厅具体介绍，以及包含业务
分类此处为该大厅具体介绍，以及包含业务分类此处为该大厅具体介绍，以及包含业务此处为该大厅具体介绍，以及包含业务
分类此处为该大厅具体介绍，以及包含业务分类此处为该大厅具体介绍，以及包含业务分类。

大厅介绍

依托一站式惠民服务平台，提供网上申请、信息核对、公示公告、结果查询一站式服务，方便师生。

系统入口

包含项目采购及各环节相关系统
入口，可直接办理各项业务。

竞价采购网　全流程采购　合同系统　国资系统　财务系统

我的数据

预算分配	年度预算	资金跟踪	项目跟踪

我的资金

中标金额　预算金额

预算金额：29.8w
中标金额：28.0w

预算金额/w
700
600
500
400
300
200

1月 2月 3月 4月 5月 6月 7月 8月 9月 10月 11月 12月

(a)

资金支付情况

项目总额
500w

48% 已付金额　54% 冻结金额

■ 120w
已付金额

■ 270w
冻结金额

项目资金分类占比

A类项目	100.2w	20.02%
B类项目	84.8w	18.25%
C类项目	76.4w	16.20%
A类项目	65.7w	14.50%
B类项目	52.0w	12.40%

我的业务/采购业务

全部项目	异常关闭	进行中	已完成
34	10	25	9

项目名称	项目分类	数量	单价/元	发起时间	结束时间	全部状态	操作
自助服务终端自助服务终端	货物	120	298,600.00	2019-11-25 09:56:23	2019-11-25 09:56:23	采购申请	追踪
自助服务终端自助服务终端	货物	120	298,600.00	2019-11-25 09:56:23	2019-11-25 09:56:23	财务报销	追踪
自助服务终端自助服务终端	货物	120	298,600.00	2019-11-25 09:56:23	2019-11-25 09:56:23	异常	追踪
自助服务终端自助服务终端	货物	120	298,600.00	2019-11-25 09:56:23	2019-11-25 09:56:23	进行中	追踪
自助服务终端自助服务终端	货物	120	298,600.00	2019-11-25 09:56:23	2019-11-25 09:56:23	进行中	追踪

(b)

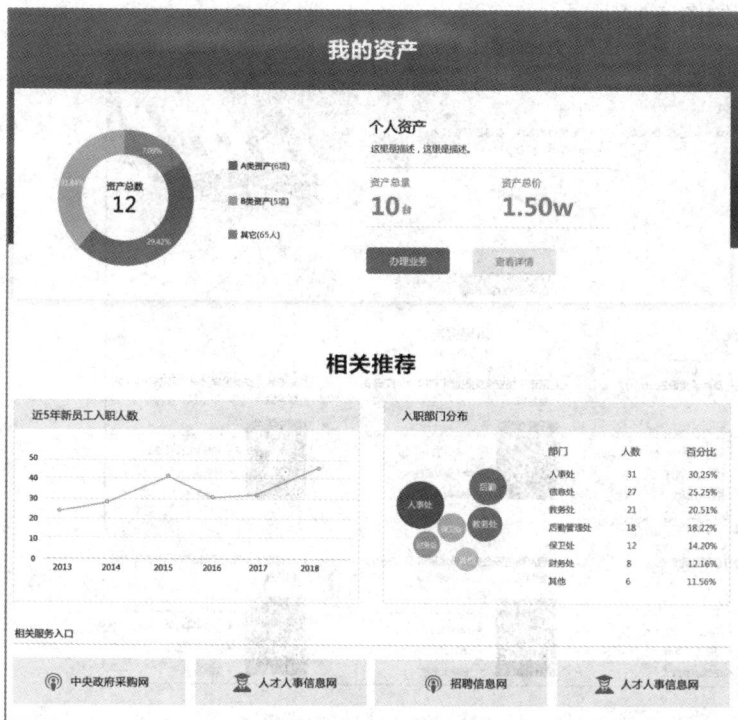

图 5.13

(c)

图 5.13　资金监管场景示例图

8.资源服务场景

资源服务场景为用户提供学校各类资源使用统一入口,包括学习资源、师资资源、图书资源等。用户通过服务门户统一获取学校资源,感受高校大资源的魅力。

学习资源会为师生提供高校学习平台入口,其中包括云课堂、教学督导、教学分析等服务;师资资源会为师生提供优秀教师介绍、优秀课程视频、科研资源等信息;图书资源可以看到与自己借阅图书相关的各类信息,包括喜爱图书借阅、全校书籍借阅信息等。用户在该场景中可以在线搜索自己想要借阅的书籍名称,并且可以查看自己想要借阅的那本书籍的剩余数量及书籍的详细介绍。确定借阅后,用户可以选择在哪个图书馆什么时间领取自己借阅的书籍。用户还可在该场景中查看在借图书还有多久到期,是否需要续借，如图 5.14 所示。

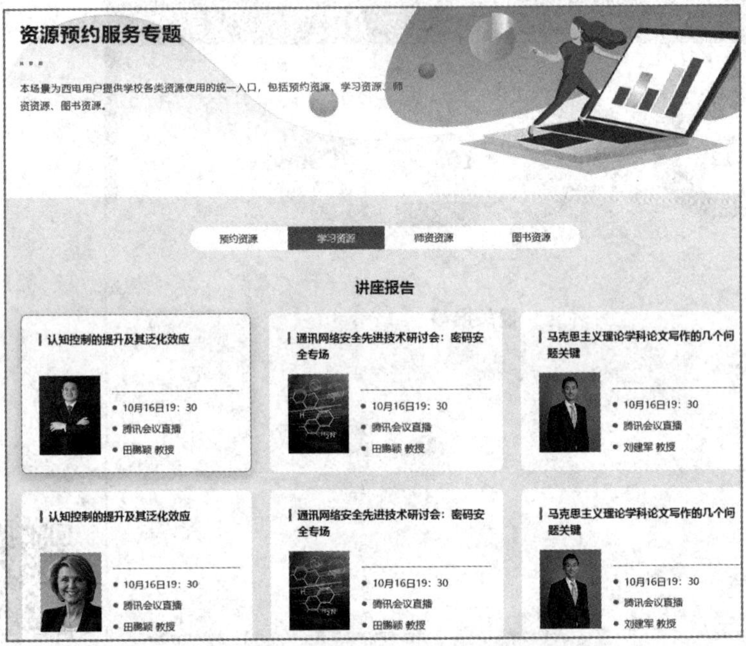

(a)

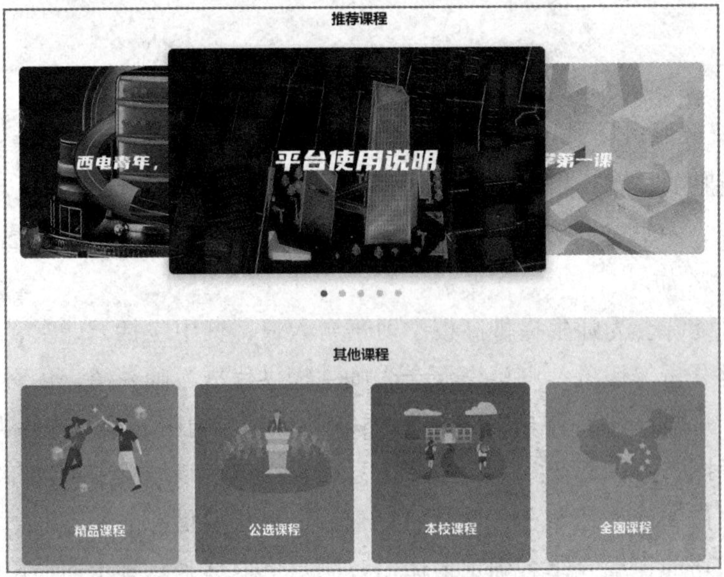

(b)

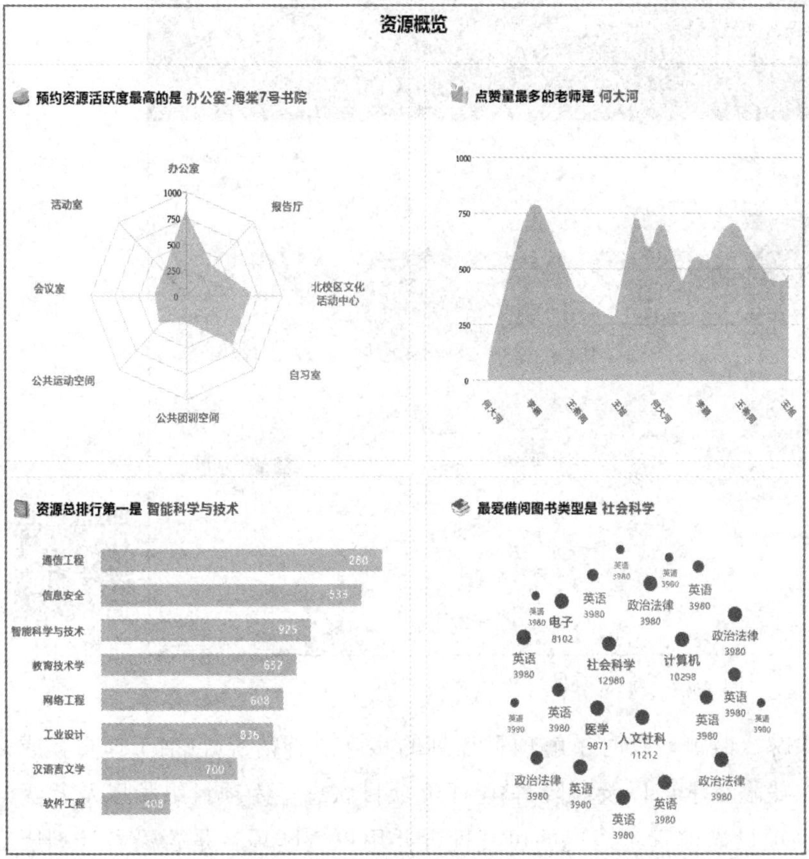

图 5.14

(c)

图 5.14　资源服务场景示例图

9. 重点项目跟踪场景

重点项目跟踪场景将对高校重点项目的全周期进行跟踪督办,包括项目进展、项目统计、办理入口等。聚合学校督办系统、财务系统、合同系统等多个业务系统,结合智能报表引擎与流程工具,努力实现重点项目"只填一张表,最多跑一次",从项目本身解决部门协同办理的问题,如图 5.15所示。

资金、采购、项目
多维一体信息服务大厅

我的项目

项目总额
+150.5w

300.0w 50w

科研项目
-50.0w

双一流建设
+50.0w

其他项目
-50.0w

图 5.15

图 5.15　重点项目跟踪场景示例图

通过跟踪、监测，及时了解项目计划的实际执行情况(包括工作量、成本、进度、缺陷、承诺以及风险等)，评价项目状态，为项目组长以及各级管理者提供项目当前真实情况的可视性，并用以判断项目是否沿着计划所期望的轨道取得了进展。如果项目状态偏离了期望的轨道，例如工作量或进度的偏离超过了允许的门限值，则应采取纠正措施，改进过程性能，使项目的规模、工作量、进度、成本、缺陷以及风险得到有效控制，必要时修正项目计划，最终将项目调整到计划所期望的轨道上。

10. 获奖信息管理场景

获奖信息管理场景将对学校与各院部集体、个人获奖情况进行统计管理，用户可通过获奖管理查看校内与校外、单位与个人以及国家、省级、市级、校级获奖荣誉，通过历年获奖分析也为学校领导提供更好的决策支持。场景包括获奖信息查询、智能检索以及智能匹配。学校所获奖项将赋予各类标签，满足不同情况下的调用查看。

5.3.3　空间融合

空间融合是通过物联网、云计算、大数据、虚拟现实等技术实现高校物理空间、资源空间和虚拟空间的深度融合。其中包括智慧教室、"全景"图书馆、自助服务终端等方面。空间融合模型如图5.16所示。

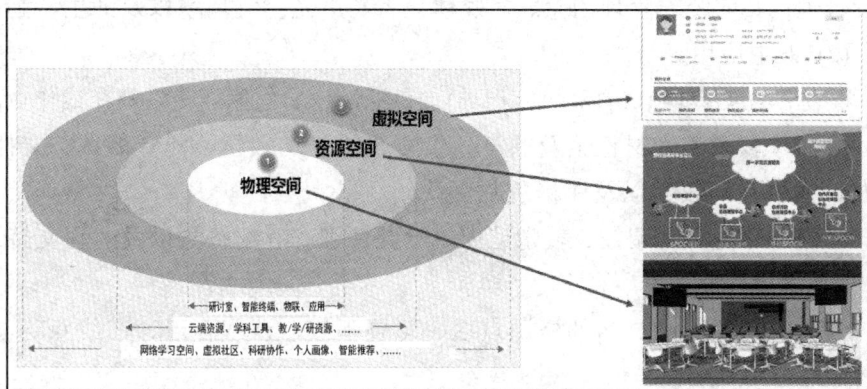

图 5.16　空间融合模型图

1. 智慧教室

1) 智慧教室的概念

智慧教室的本质是"教与学，管与用"，平台以学习为核心，以教学为主题，建设一个全面、简单、易管、易用、学教结合的智慧教室。通过智慧教室可以让教学环境更优美、更舒适、更节能、更环保；让学生学习不再受到局限，起到课前预习、课中指导、课后辅导的功能；为老师提供课前备课资源化、课中授课多样化、课后工作便捷化的平台；在管理方面，管理始终贯穿课前、课中、课后与日常使用，让管理更全面、更便捷、更直观、更人性；领导决策不再盲目，让决策有凭可查、有据可依，让数据直观立体呈现，让决策不再是纸上的逻辑、会后的空谈。

2) 智慧教室的应用

智慧教室环境建设集合课前、课中、课后、日常的资源与系统的应用，并将管理贯彻其中，最终形成资源综合利用、设备综合联控、人员综合管理、数据综合统计、行动综合决策，并具有高效、节能、环保、智慧的教室，具体体现在如下几个方面：

(1) 课前应用。

学生：实现资源访问，课前预习。

教师：访问资源，实现课前备课。

管理：课前统一管理门禁、多媒体设备、声光空气环境以及师生考勤。

(2) 课中应用。

学生：互动提问、访问资源(指导)、小组讨论、角色翻转以及在线作业。

教师：教学的素材检索及共享、实时在线互动教学、随堂测试、文件分发、师生互动教学以及课程录制。

管理：环境自动调控、教学巡课、听课评课、远程督导以及远程支持。

(3) 课后应用。

学生：课程回顾、名师资源点播、习题下载、课程复习、在线互动与点评、信息查询。

老师：远程辅导、课后习题发布、课后备课、课程回顾与总结以及信息查询预发布。

管理：统一管理门禁、多媒体设备、声光空气环境、教师资源管理、资源存储及共享、信息发布等应用。

(4) 综合应用。

智慧教室的综合应用包括电源控制与监测、设备维护与保修、教室管理与维护、教学调研、电子巡考、校园安全、信息发布、校园电视、文化宣导、主题讲座、会议研讨等。高校智慧教室应用图如图 5.17 所示。

图 5.17　高校智慧教室应用图

2. "全景"图书馆

1) "全景"图书馆的概念

"全景"图书馆突破了早期智能图书馆的局限，将虚拟现实、物联网技术、大数据、云计算、5G等信息技术融入图书馆的管理和服务中，对海量图书馆数据进行收集、存储并进行多样化管理，并在此基础上为使用者提供无空间、无时间变化的信息服务，实现跨网跨域的服务整合，打通馆内外的业务管理、读者服务、知识挖掘与传播，实现空间、人员及资源利用效益的最大化。"全景"图书馆具有以下特性：

(1) 服务的便捷化。

"全景"图书馆通过系统化的数据处理技术，能够将数据进行模块化、系统化的划分，通过大数据、云计算等技术，将新型数据类型进行感知，构成互联和共享的平台，提供数据和采集数据，以此来实现数据的互联。在现有的结构化数据环境下，关联数据、语义化等技术的发展保证了知识发现、服务实现的便利性。依托大数据、应用数据分析软件，进行数据挖掘、分析来提高服务的便利性，提高了智慧图书馆的效率，在数据收集、分析、整合及服务方面不仅能够满足用户的知识需求，同时也可以服务于用户的个性化需求。

(2) 资源的多样化。

"全景"图书馆建设中采用高数据速率、高系统容量、低时延和超级设备连接的信道带宽，并以算力共享与知识流为性能目标的智能信息通信技术，将汇聚更丰富的多维数据资源，由被动信息获取转变为主动感知，实现用户虚拟空间与数字资源的智慧推送，强化数据的应用价值。结合人工智能、LSTM 时间序列、Genetic Algorithm 算法、Bayes 分类算法、大数据可视化分析、语义分析识别等算法技术，对异构异源的数据进行集成与索引。综合分析用户海量信息，通过元数据搜索实现信息资源的自动组织获取，提高分析利用率。新型业务方式将给图书馆用户带来高效智能的全新体验，实现多用户多业务功能的并行与协作。

(3) 空间服务的智能化。

在 5G、人工智能、云数据等多元技术应用背景下，"全景"图书馆将成为虚实融合的智慧共同体，营造智慧的知识空间是其重要核心功能。图书馆作为智能高效的信息知识传播中心，通过与相关部门、专业院系协同合作，高效整合各类科研信息与科学数据，实现数字资源建设、智能学习空间、开放课程订阅与科研数据开放获取的动态呈现，加速物理空间、数字资源与用户的深度融合。依托 5G 大容量低功耗的技术优势，图书馆内空间中所有智能设备实时在线，接受图书馆业务管理，实现系统全程智能监控，包括室温调节、采光、视频监控等子系统，可提供图书馆内导航、人流控制、预订空间、安全消防预警、绿色节能等各项服务功能。综合应用 5G、数字孪生、虚拟/增强现实、人脸识别、GIS 定位、射频识别等技术有效支持馆舍空间的虚实融合，创建用户多维感知的虚拟体验馆，使用户多感官沉浸其中，接收虚拟阅读、学科咨询、虚拟交互、虚拟教学等各项智能信息服务。

2）"全景"图书馆的应用

以西安电子科技大学为例，根据图书馆提供的服务内容进行汇总分析，结合图书馆用户服务类型，对服务内容进行了分类，主要将其分为资源服务、导航服务、学科服务、安全服务、空间服务以及培训服务六大类型，其中各类型的具体服务内容见表 5.1，智慧图书馆应用示例如图 5.18 所示。

表 5.1 智慧图书馆服务分类情况

智慧服务类型	服 务 内 容
资源服务	移动图书馆、个性化推荐、智能化搜索等
导航服务	智能化问答系统等
学科服务	数据开放获取、机构知识库、学科服务平台等
安全服务	应急响应、智能门禁、人流监测 、网络预警等
空间服务	信息共享空间、创客空间、学习空间、影音空间、VR 体验区、研究间、座位预约系统等
培训服务	信息素养课程、信息素养游戏等

图 5.18　高校智慧图书馆应用示例图

(1) 资源服务。

依托 5G、人工智能、云数据、数字资源画像与图像处理技术，图书馆可实现对读者移动阅读行为的 24 小时采集，并在中央系统智慧平台上进行云数据分析。依据用户阅读行为特征，绘制用户资源画像，实现快速准确的信息检索与个性化服务的精准推送。通过创新数字阅读模式，推广多元化融媒体的阅读体验，实现游戏化场景的应用，提升用户阅读效率与整体服务效能，实现知识资源的流动共享，确立个性化知识服务体系。随着信息技术的持续升级，更多元化的阅读体验需要更高级的用户终端性能来实现，"全景"图书馆将为读者提供阅读行为智能分析、音视频智慧终端开发、智慧 VR 阅读资源开发、个性化主题书房，主题空间预约，阅读资源远程推广，实时信息推介等个性化服务功能。

(2) 导航服务。

依托 5G、人脸识别、精准用户画像、iBeacon 等现代多元技术支持，用户可自动接入后台管理系统，轻松实现多重身份的无感验证，实现与馆内的智能书架、智能座位、行为检测器、门禁闸机的全息互联，方便读者实现阅览室及书库的自助借还功能，系统后台自动完成验证与流通程序。

同时，应用精准定位导航与 AR 技术，用户可通过终端应用程序或特定设备实现统一定制的 3D 自动导航导览服务，在馆内特定功能区接收特色资源与服务推介、智能座位导航与自助参考咨询服务等。

(3) 科研服务。

"全景"图书馆作为智慧高效的信息知识传播中心，通过与相关部门、专业院系协同合作，高效整合各类科研信息与科学数据，实现数字资源建设、智能学习空间、开放课程订阅与科研数据开放获取的动态呈现，加速物理空间、数字资源与用户的深度融合。通过数字孪生模型动态仿真分析，优化不同目标用户群的在线科研与学习支持体系。教师可利用虚拟现实模式下的人工智能教室，将学科品牌的金课资源以细粒度知识单元的方式，面向不同目标用户群同步直播，课件素材和 MOOC 视频将上传到图书馆教育云平台，在增强现实模式下自动展示。

(4) 安全服务。

智能安全监测是智慧图书馆智能建筑功能的重要组成部分，包含人脸识别门禁、多摄像机联网、应急自动响应、风险预警、联动控制等多项功能，而视频监控则是智能安全系统中的核心环节，5G、物联网、人脸识别、传感网络技术的协同应用将实现远程实时监控与危险预警，提高现场画面实时传输速度与应急处理反馈效率，获得更全面多维的有效监控数据。巡检机器人也将成为智能安防系统的重要成员，承担图书馆内各区域的巡检工作。

(5) 空间服务。

在 5G、混合现实、人工智能、数字孪生等多元技术驱动下，运用实体物理模型、传感网络和集成仿真技术，对图书馆实体空间进行全生命周期的虚拟映射，为中央管理系统提供高效的智慧管理方案，加强图书馆智慧空间的虚实融合。通过数字孪生主题馆的建设，在虚实空间同步提供多学科领域的全方位深度洞察，动态感知读者专业需求，嵌入学习科研全程，实现智慧服务的精准推送。通过人机协作和深度洞察，将实现用户、智慧空间与数字孪生体的群体智慧协同，支持用户的创意探索和技术创新。通过全感官沉浸式体验，对现实情境进行可视化高度仿真，有效提高用户的知识技能学习效率。通过对数字孪生体模型的升级优化，挖掘服务深度，开拓服务广度，培育师生的创新创造能力。

(6) 培训服务。

全景图书馆依托 5G 的高速率、低延迟与良好的网络兼容性，有利于支持海量数据视频资源的同步传输，将为图书馆在实体虚拟空间同步进行大型学术会议、云课堂、活动全景直播、24 小时实时监控等各应用层面提供重要技术支持，推动图书馆不断深化服务层次，创新服务内容、丰富用户选项。图书馆通过全方位设置多点摄像头，以高阶混合现实技术对现场进行全景互动直播，也可通过对图书馆主题空间的全景拍摄，实现远程超清晰视频的实时展示，通过 360° 虚拟现实设备，让读者体验身临其境的观赏效果与虚拟的互动。

3. 自助服务终端

1) 自助服务终端的概念

在教育信息化领域，高校信息化建设的进程已逐步从数字校园转向智慧校园。以信息系统为支撑的线上服务有很多，但目前线上服务功能还十分有限，高校需要一个线下的媒介，将服务更好地送达给师生用户。校园智能终端便是十分便捷的选择，其类似为一个大型智能手机，是线上往线下业务延伸的接入点，也是数字校园向智慧校园转化的重要一环。

2) 自助服务终端的应用

自助服务终端分布在图书馆、办公楼、教学楼、科技楼、一站式办事大厅等人员密集区，包括自主打印终端、移动支付终端和校园服务应用终端等。

自主打印终端应用图如图 5.19 所示，能够实现 36 种表单的打印，包括学生成绩单、奖学金证明、在读证明、在职证明、获奖证书、收入证明等。其服务对象覆盖在校本科生、硕博生、教职工、离退休职工、校友等多类人群，能够提供统一认证、自主缴费、数据翻译、打印样式设计、自助打印、宣传展示等一站式全流程自助服务。

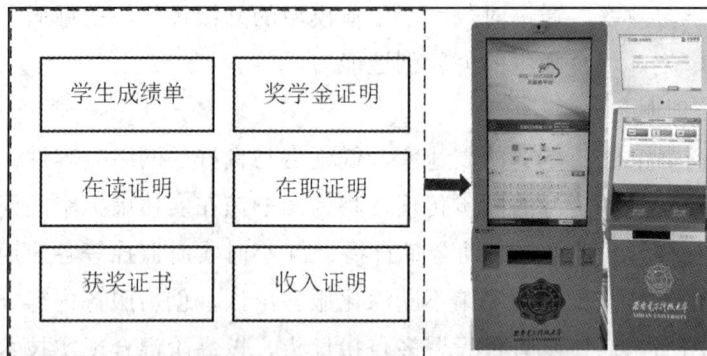

图 5.19   自主打印终端应用图

移动支付终端的硬件设备包括用户的手机终端和自动圈存机以及刷卡机，使用流程包括认证登录、学校选择、身份绑定、充值、圈存机领款、领取转账金额等，移动支付手机客户端转账流程如图 5.20 所示。

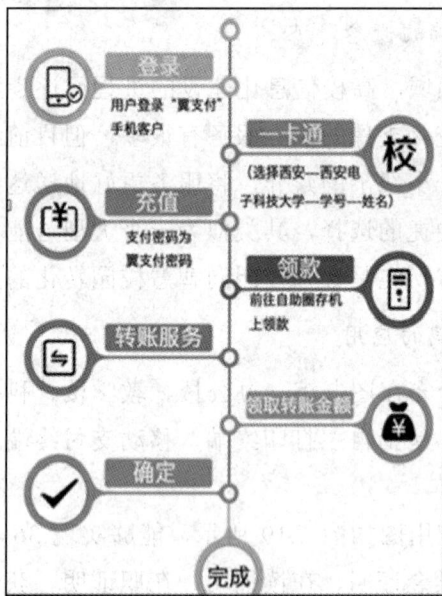

图 5.20   移动支付手机客户端转账流程

校园服务应用终端包含学校企业号和小程序等，用户可通过手机终端随时随地享受各种校园服务，如缴纳电费、流量充值、图书借阅、请假销假等。具体的服务功能如图 5.21 所示。

手机：随时随地办理业务

- ☐ i西电、企业号、小程序等手机端
- ☐ 图书服务、一卡通服务、网络服务(开通账号、修改密码、流量融合、一卡通查询)、报修
- ☐ 数据纠错
- ☐ 考勤情况
- ☐ 评价管理系统
- ☐ 合同管理系统、采购管理系统、国资管理系统
- ☐ 照片采集
- ☐ 缴纳费用(网络 宿舍电费)

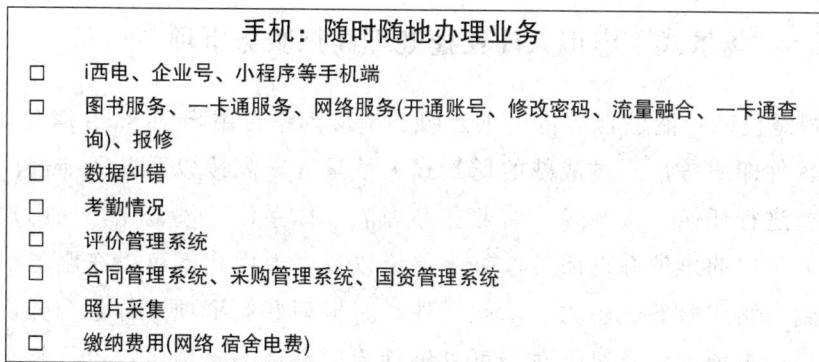

图 5.21　校园服务应用终端功能图

5.4　智能融合效果

5.4.1　业务融合提高办事效率

1. "一站式"办事服务

"一网通办"的跨部门业务融合平台打通了各个业务系统之间的壁垒，门户平台可提供快捷的单系统网上办事通道，也可以通过流程引擎提供跨部门的网上办事通道。例如，平台在对接了人事系统、教务系统和科研系统后，教师在评定职称时可实现自动填表功能，无须线下手动填表、盖章并交至各个科室、处室、人事处进行层层筛选，为教师减少了评职称准备材料的工作量。

2. 数据多跑路，师生少跑路

数字化校园平台可利用流程引擎在门户平台中实现跨部门的网上事务办理。可让数据多跑路，师生少跑路，规范学校业务流程。数字化校园平台可以给师生带来多种便捷的体验：业务流程可在网上查阅，资料可通过网上递交，审批可通过在线办理，有疑问时可通过智能问答在线询问。这就大大减少了师生来回提交资料、找领导签字等耗费的时间，提高了办事效率。

5.4.2 "场景式"虚拟大厅便捷处理高频服务事项

智慧校园智能融合后将提供云服务中最为贴合用户的 SaaS 服务，也就是软件即服务，通过成熟的场景式大厅呈现。高校以及各职能部门不再需要进行任何二次开发，将业务办理流程体系化、规范化，为用户提供最为便捷的事项办理服务，每个单位以及个人用户都可以在服务门户感受到一站式服务的魅力。除此之外，对梳理好的事项进行整合分析，并且进行事项优化升级，对于可以进行流程整合的事项进行流程整合，并与相关部门确认后设计新的服务事项办理流程以及网上办理界面。对于流程较为复杂，涉及部门较多的高频服务事项进行"场景式"服务虚拟大厅设计，为用户提供便捷、精准、高效的服务。"场景式"虚拟大厅界面示例如图 5.22 所示。

图 5.22 "场景式"虚拟大厅界面示例图

5.4.3　空间融合促进教育教学智慧化

1. 智慧教室促进教学模式改革

智慧教室建设的目的是利用先进的信息化技术、设备与设施，为教学活动的实施提供更多的便利与手段，辅助提升教学质量。

(1) 资源获取、内容呈现更直观。

智慧教室最重要的基础部分是高速、大带宽的无线网络。教学过程中教师让学生下载教学资源；获取资源后，学生手中的各类终端才能发挥应有的作用。多种资源的使用将课本抽象、复杂的知识以多样的形式表现出来，降低学生理解难度，提升学生学习效率。

智慧教室最直观、最醒目的部分是智慧教室四周的多个显示屏幕。在教学过程中，教师在线获取教学资源，并在多个显示屏幕上同步显示或分屏显示，充分发挥各类资源的优势，同时解决了普通教室后排学生看不清黑板的问题。

(2) 师生交互更加便捷。

在智慧教室硬件设备支撑下，各类教学软件、终端支持开展各类师生互动，包括一键签到、抢答、投票或点名等。各类交互活动经过系统后台处理后，即时将结果传递给教师，促进师生交互由传统的一问一答向智能多元化转变，同时也有利于学习过程中数据的采集。

(3) 学习资源推送更加个性化。

在智慧教室框架下，融合教务、考勤、在线学习记录等数据，以倒溯方式考察影响行为产生的动机和需求等因素，以及背后隐藏的学习目的、学生个性特征、学习环境等，对学生学习过程画像，针对学生学习特征，差异性地推送学习资源，从而实现个性化、智能化学习。

2. 全景图书馆提升图书馆服务效能

5G 与云平台、人工智能、数字孪生、场景智能适配等前沿技术的发展融合，将充分应用于智慧图书馆服务体系的各领域，包括基础设施建设、智能空间构建、资源知识图谱可视化分析、用户行为数据分析和知识数据智能推送等。多场景应用集成的智慧服务可迅速提升图书馆服务效能，满足用户智能高效的信息体验需求，不仅可强化现有资源的学科化组织、呈现与检索，还能提供跨学科、多层次、立体化的科研素养服务。

本 章 小 结

  智能融合为高校的生活和管理带来了深远的影响，它在现有信息化成果的基础上，加强系统性、整体性、创新性、前瞻性的顶层设计，采用云计算服务等先进技术，夯实大数据时代校园信息化基础设施，全面深化电子校务应用，着力建设以数据关联分析为目标的各类综合数据集成平台，着力于互联网时代传授与获取知识的新途径，统筹校内外资源进行体制机制创新。构建集高速通畅、便捷智慧、安全可信、灵活适配、资源丰富为一体的智慧校园体系。"一网通办"的跨部门业务融合平台打通了各个业务系统之间的壁垒，提供快捷的单系统网上办事通道，也可以通过流程引擎提供跨部门的网上办事通道。场景式虚拟大厅将业务办理流程体系化、规范化，为用户提供最为便捷的事项办理服务，智慧教室和全景图书馆的建设利用先进的信息化技术、设备与设施，为教学活动的实施提供更多的便利与手段，辅助提升教学质量。智能融合的实施实现了智慧校园"一网通办"建设从解决问题到融合创新。

第六章　智慧校园"一网通办"

智慧校园"一网通办"是指为高校打造线上线下融合、多业务联动的一站式服务平台，着力打破"信息孤岛"，通过底层数据治理、业务梳理调研、人员标签整合、服务深度聚合，制定数据交换规范和网上服务规范，建设事项服务标准、运行服务标准和安全技术保障标准，形成"一网、一次、多端"的校园服务形态。通过平台部署实施和构建"厚中台"，为高校建设统一站点、统一事项、统一搜索、统一办事、统一资讯、统一消息、统一客服、统一数据、统一空间、统一监管的"十统一"服务，为用户提供集业务办理、数据展示、交互咨询、效能监督为一体的智慧服务平台。搭建高校统一服务出入口，解决高校重复填报、来回跑路、权责不清等问题，实现校园服务"一网申请、一表填报、一次办成"。一网通办总体架构如图 6.1 所示。

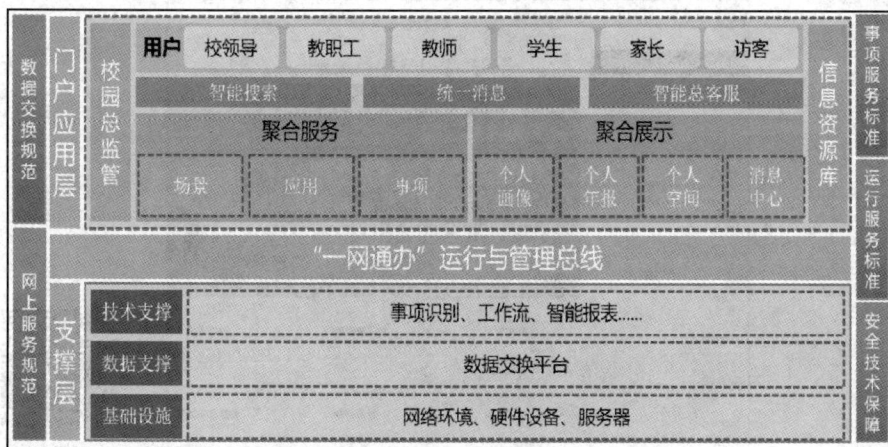

图 6.1　"一网通办"总体架构图

6.1 "一网通办"核心内容

6.1.1 "一网、一次、多端"服务形态

以用户为中心的"一网、一次、多端"服务形态，就是把校内各业务部门的复杂处理流程作为一个整体，封装为一个功能模块，整个业务流程对用户来说是一个黑箱，用户无需感知背后复杂的业务逻辑，能够体验到的只是反馈的问题得到一一解决。在遇到某一问题时，用户通过网上办事平台(PC端、移动端等)在线自助申请，后台经过一系列跨部门协同处理操作，将最终结果反馈给用户，尽量减少或避免用户在各业务部门之间游走。

1. 一网：各种事项一网办理

通过调研梳理将高校存在的单事项及单流程采用统一嵌入式模板，进行快速线上网办，平台为无法实现全线上办理的事项提供办事指南，降低事项办理的人力及物力，对事项办理全过程进行跟踪、监督及星级评价。用户可通过平台可获取事项办理信息指南、办理进度、办理信息完善、办理材料上传、事项办理入口、事项办理记录、事项审批记录等。"一网通办"首页示例如图 6.2 所示。

图 6.2

图 6.2 "一网通办"首页示例图

2. 一次：复杂事项一次办结

以往高校业务流程的建立通常是从管理的角度出发，对用户体验关注较少，传统的高校网办业务流程就是不同的用户办事需要找到多个部门，一一问询涉及的事项，在众多的业务系统中穿插操作，涉及流程如图6.3所示。

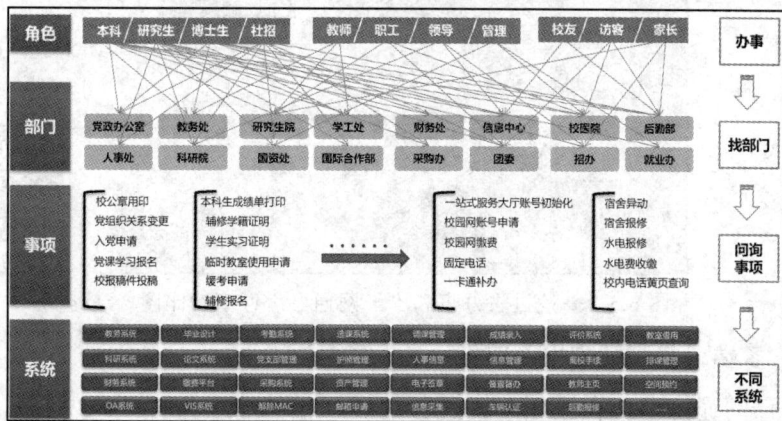

图6.3 高校以往办事业务流程图

然而，在高校数据逻辑日益复杂、跨部门业务逐渐增多的现状下，如果不考虑用户体验，就很容易造成用户办事难、办事繁、跑断腿的情况，从而降低用户满意度。"一网通办"通过平台的表单工具、流程工具帮助高校范围内的简单类事项实现至网上办理，多部门协同复杂类事项简化办理流程，缩短事项办理时间，快速实现线下单业务、多融合业务、多审批业务的线上一次办理，业务流程如图6.4所示。

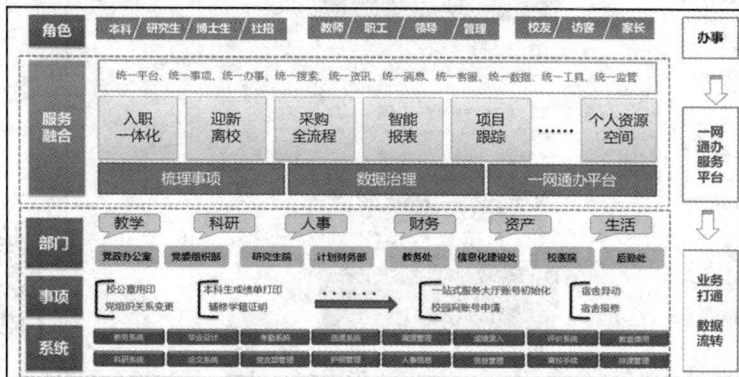

图6.4 高校"一网通办"办事业务流程图

降低事项办理所需的人力，物力，且实现事项办理进度全流程网上跟踪、查询和监督。高校过去办事和"一网通办"办事对比如图6.5所示。

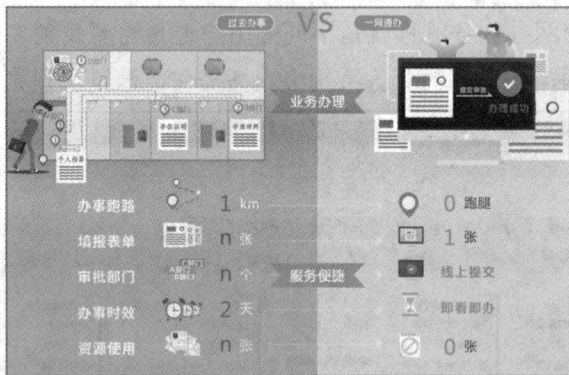

图 6.5　高校过去办事和"一网通办"办事对比图

3. 多端：多终端应用及审批

"一网通办"平台包含 PC 服务门户、移动端服务门户、线下大厅和热线电话等，可实现多种类型终端的访问操作。"一网通办"平台支持HTML5 移动端自适应，一次部署全部支持，快速嵌入至高校已有微信企业号、自主打印终端、移动支付终端和校园服务应用终端等移动端口，无需校方再次开发事项流程移动审批服务，实现移动端快速审批。移动端应用及审批示意图如图6.6所示。

图 6.6　"一网通办"移动端应用及审批示例图

6.1.2 "厚中台"建设

"厚中台"即业务中台作为平台的支柱与技术核心，通过对各类服务对象需求、后台业务操作需求分析，中台必须建立能够实现一号申请、身份认证、表单申请、后台联办等一站式服务模式的技术支撑体系。"厚中台"建设框架如图 6.7 所示。

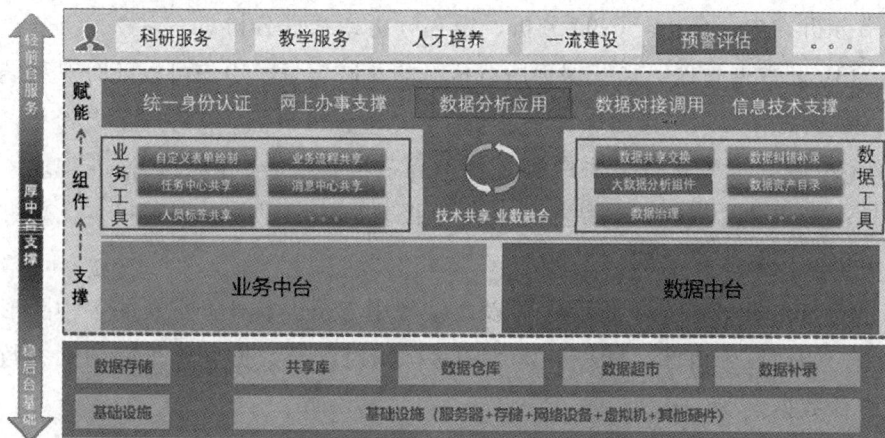

图 6.7 "厚中台"建设框架图

"厚中台"的建设内容如下：

(1) 基于高校现有的统一身份认证平台、统一支付平台，统一通信平台，建设电子签章模块作为技术支撑，针对系统框架设计进行应用整合、调用以及改造，形成一号登录、一网办理、网上支付、短信提醒的服务流程，同时进行表单治理，保证信息一次录入，可重复调用。

(2) 建设知识库模块，主要对高校各类业务知识点建库，还可增设热点事项满足不同服务对象的业务申请及查询需求，提高线上服务便捷性和准确性。

(3) 建设基于业务流程设计的共享报表引擎，实现从数据的抓取调用、表格的自定义生成、业务数据绑定、表单数据的审核管理等业务、数据、表格的深度融合应用，同时基于工作流管理，嵌入业务流程管理模块，实现信息"零填报"，表格"无纸化"。

1. 统一智能表单

1) 表单基础管理

(1) 数据源管理。对于数据分析来讲，数据源支持是基本功。系统为用户提供了各种各样的数据源支持，包括结构化与非结构化的。

(2) 性能监控与管理。系统提供完善的系统性能跟踪、分析工具，方便系统管理员进行系统运行监控与问题排查，如进行日志分析、会话分析、网络分析、内存分析、CPU 分析、缓存分析或线程分析。

(3) 元数据管理。系统保存所有资源的关联信息，用户可以随时对系统的元数据进行元数据搜索、影响性分析、依赖性分析等，方便检查与维护。

(4) 复杂报表管理。系统满足各种复杂格式报表、中国式报表需求。包括：多源分片报表、分块报表、表单报表、图形报表、回写报表、套打报表以及段落式报表等。

(5) Excel 静态图表管理。可以直接使用 Excel 本身可实现的各种图形效果，如柱图、饼图、线图、雷达图等，同时结合数据仓库里面的动态数据进行数据展现。

(6) 在线数据填报。数据填报满足数据收集需要，通过回写权限和规则定义，实现用 Excel 设计采集表单、Web 填报数据，配置灵活便捷。并且支持在报表上直接进行数据填报，支持校验公式进行数据校验。

(7) 审核流程。提供数据填报流程审核的功能，通过图形化的配置界面，将流程与数据填报报表关联在一起，并按业务需求设计线性审核步骤。

(8) Excel 导入。进行数据分析时需要大量的数据，但很多数据并不在高校内部。系统提供 Excel 数据批量导入功能，能够简便的将 Excel 数据通过一键上传的方式导入数据库。

(9) 任务调度与监控。系统具有后台计划任务，可按照高校用户需要发出的报表定时运行制定任务，例如：灵活地实现日报、月报等周期性的报表发送、数据导出等。

(10) 高速缓存。系统提供跨数据库查询功能，支持将不同的数据源关联，比如将 Oracle 和 SQL Server 两种数据源关联，应对不同接口数据统一访问问题，无需再进行数据抽取。系统内置的分布式内存计算数据库在进行数据分析的时候，允许将原始库数据抽取到分布式的内存数据库中进行分析，解决性能瓶颈。

2）数据代码调用

共享并调用各业务系统中产生的数据信息和功能代码，整合与业务办理过程中相关的表单数据，通过数据交换平台调用至"一网通办"平台，为智能表单的生成和大数据分析等功能提供数据支撑。

3）表单数据维护

对表单数据进行全维度维护，对调用来的表单数据进行清洗、字段维护、数据分类、数据分析，并将表单数据与用户个人空间数据关联共享。自助填表中心中信息项内容来源于个人数据中心，利用宽表或视图等技术实现信息项从个人数据中心到自助填表中心的同步。

4）智能表单引擎

（1）表单引擎功能。主要包括：支持可以灵活定义各种自由表格，具有单元格合并功能；部件框增加边距设置，边框增加内层与阴影、虚线边框；文字显示增加段间距、首字缩进与两端分散对齐功能；分组报表可以按某个统计值的大小对分组项进行排序；在编程接口中增加了很多应用函数，如数据压缩、数字格式化、日期时间解析与格式化、打印机与纸型枚举、文件选择对话框等；其他杂项功能，主要根据多年收集的用户需求来增加与改进，如分组相关系统变量、图像旋转显示等。

（2）表单设计器。设计面板具有缩放设计功能；将关联属性归类为组，方便在设计时集中设置与查看；对象浏览窗口与属性窗口可以隐藏，方便在设计很宽的报表时增大设计面板的区域；设计面板大小跟随明细网格总列宽来改变宽度，方便设计大宽度明细网格报表；部件框锁定功能，被锁定的部件框不允许进行可视化拖放；自动在分组头尾中增加统计框，默认为合计函数，并设置相应的对齐列；数据源连接串可以为 XML 或 JSON 数据源，且可以自动生成字段。设计报表时数据源可连接的类型有：各种数据库、XML 或 JSON 文件、产生 XML 或 JSON 的网络 URL、EXCEL 文件、TEXT 文件；设计器增加数据提供事件接口，在设计报表时可以给报表加载自定义数据源。

(3) 打印与打印预览。横向分页时，在数据不多的情况下，分页直接显示在本页，而不是在下一页；在模板中可以保存默认打印机名称；支持每页重复打印；如果部件框跨页多次显示了，在新页中再次输出其上下边框；提供编程接口枚举出操作系统中安装的打印机，以及指定打印机支持的所有纸张类型。

(4) 查询显示。没有明细网格的报表，背景图可以显示出来；明细数据不多时，表格不会显示出下部空白。

(5) 数据导出。在导出 Excel 时，能用代码设置页边距等参数；在运行时对外观属性的改变可以反映到 Excel 导出。

(6) 交叉表。多数据列交叉表可以将同一列产生的交叉列排列在一起；在合计列中可以排除掉一些列不进行合计；纵向交叉项目列中可以定义统计框或综合文字框表达式，在合计列中关联的字段自动求和，在项目列中关联字段为复制首笔值。

5) 表单模板管理

管理人员根据收集的数据填报需求，按照需求格式进行模板格式整理制作。可以将历史制作的数据表单修改为当前需要的表单，具有制作简便，所见即所得，直观可视等特点。为管理人员提供模板制作说明，便于业务人员对新增表单进行制作。

6) 表单填报监管

(1) 表单审核。"一网通办"平台对接高校数据共享中心与各业务系统，表单数据也来自各个业务系统，因此要对需要线上审核的表单进行流程审核。审核通过，转入下一步业务流程，若审核不通过，则退回重新确认、修改表单数据，并重新发起审核。

(2) 流程跟踪。将线下服务提供线上办理，需要更为严格的审核与监管，对表单审批流程进行可视化跟踪，对审批进度情况进行全环节监控。积极推进审批工作的进行，提高工作效率。

2. 统一安全认证

平台建设需对接高校的统一身份认证系统,实现身份数据的统一存储、统一管理,实现全校各应用的单点登录。集成方式有 cas 集成,nginx 集成,ldap 集成,oauth2.0 集成和移动集成等不同方式,针对不同类型的系统提供不同服务。此外,通过以下对接方式完成对平台的安全认证:

① 身份证认证。通过用户真实姓名、身份证号完成实名认证。

② 人脸识别认证。获取生成人脸认证二维码地址,使用微信扫码完成人脸认证。

③ 支付宝认证。使用支付宝扫码完成账号认证。

④ 银联卡认证。通过用户身份证号、用户姓名、银联卡号、银联卡绑定手机号完成实名认证。

⑤ 手机号认证。通过用户身份证号、用户真实姓名、手机号完成实名认证。

1) 平台概述

统一身份认证平台基于 LDAP 技术,实现校园网内的用户统一身份认证和权限控制体系,利用目录服务,对用户身份信息和系统控制信息进行有效组织管理,提供高效安全的目录访问,为各应用系统提供统一身份认证和权限控制的支持。支持 RADIUS 协议,能满足 VPN、入网认证等网络设备的认证需求。统一身份认证平台总体框架如图 6.8 所示。

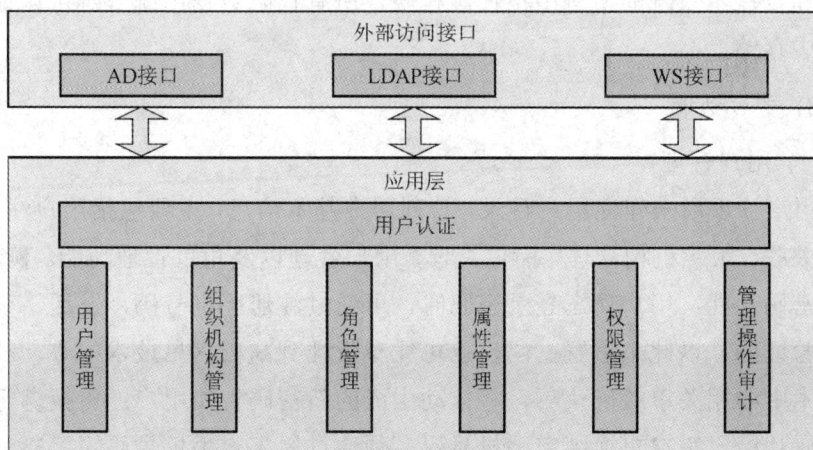

图 6.8　统一身份认证平台总体框架

2) 实施目标

统一身份认证平台包含三个部分：统一用户管理、统一身份认证和统一权限管理，因此，在平台建设与应用系统的集成方面也包括这三部分的集成。这三部分集成的目标分别是：

(1) 统一用户管理集成目标。

全校的用户管理在统一身份认证平台集中进行，应用系统不再需要管理用户的信息，应用系统所需要的用户信息完全来自统一的身份平台，原则上要求统一认证用户库中的用户基本信息数据是相对完整的，各应用系统的用户基本信息数据是该系统用户数据库的子集。

(2) 统一身份认证集成目标。

各应用系统的身份认证均在统一身份认证平台集中进行，应用系统不需要再对用户身份进行单独校验。

(3) 统一权限管理集成目标。

由统一身份认证平台统一实现各应用系统的用户权限控制，应用系统不再需要管理用户的功能权限，而是利用统一身份认证平台提供的权限管理工具统一管理。应用系统所需要管理的是用户的数据权限。

在权限管理体系上，采用分级授权模式，即由统一身份认证平台将某应用系统的管理权限授予给该应用系统管理员，由该应用系统的管理员来管理和设置本系统的所有用户使用权限，所有权限数据由统一身份认证平台集中存储。

3) 平台功能

(1) 用户管理。

用户管理用来建立用户目录，管理用户基本信息，主要包括用户注册、账号关联、组织机构管理、岗位管理、用户管理以及角色管理功能。例如：找回密码功能，用户遗忘登录密码时，可通过注册手机号码，发送、确认短信验证码，以此来重置密码，也可凭身份证到高校信息技术中心，经信息技术中心相关审核确认后，将自动生成的新密码告知用户；更换绑定手机号码功能，用户更换绑定手机号码，须通过原绑定手机号码短信验证确认解除绑定，并通过新手机号码短信验证绑定。

(2) 权限控制。

用户身份认证通过后，必须对用户在应用系统中的使用权限进行统一控制，主要功能包括：应用系统基础信息管理、模块组基础信息管理、模块基础信息管理、应用系统权限管理、用户权限管理、岗位权限管理以及用户授权管理。

(3) 管理操作审计。

授权管理模块可以将所有用户所做的权限变化过程都记录在日志中，并提供相应的查询功能作为日后审计的依据。

(4) 用户身份认证。

身份认证服务是用户身份认证系统的重要组成部分，是平台与其他应用系统的桥梁。它为应用系统提供一致的安全程序接口，从而实现统一的用户身份认证。

3. 统一电子支付

网上支付需支持非税收入网上缴费、银行卡、信用卡、微信支付、支付宝支付等第三方平台对接，构建全校统一支付体系。通过在"一网通办"平台中嵌入支付服务端口，用户在"一网通办"平台办理事项涉及缴费时，自动跳转到支付界面，通过扫码或点击缴费按钮进行支付。代收机构将资金清分至相关征收部门指定资金结算账户，网上支付管理系统与第三方支付平台、收款银行系统、相关征收部门收入征管系统进行多方对账，并完成资金结报、清算等业务。用户在"一网通办"平台办理缴费时涉及的"第三方支付平台"须为依法取得《支付业务许可证》的非银行支付机构。

1) 缴费管理

缴费管理实现师生通过服务大厅收费窗口、平台网上支付等不同渠道已支付的缴费业务的缴费情况管理。

2) 对账管理

对账管理实现财务管理人员按照执收单位和收款账号的设定周期内容的对账信息，主要包括交易次数、交易金额、交易日期、收费项目、收费账号的详细对账信息。

3) 账号管理

账号管理实现全校服务事项缴费账号的新增、审核、启用、停用、变更等操作,对全校各级单位收费账号进行统一管理,动态调整。

4. 统一通信平台

将"一网通办"平台与通信平台进行对接,依据流程性事项和非流程性事项属性,设置节点、通知对象,同时管理消息数据。在流程性事项中,伴随业务流程节点,系统根据预先设定的消息模板,自动更新数据,实时发出消息提醒,一方面是便于用户了解办事进度,另一方面通知下一环节审批人及时处理信息,提高办事效率。非流程性信息是指校方发出的重要通知、公告、紧急消息等,消息发布可设置通知对象,保证涉及师生及时了解讯息。统一通信平台可对消息进行管理、汇总,并通过可视化的图形、报表等形式展示。

对接支持通信管理平台多终端接入,包括但不限于邮箱、网页客服、短信通知、站内消息等功能,整合高校各渠道通信提醒,提供沟通协作服务能力。支持对个人信息提醒进行统一管理功能,提供文字、图片、位置、语音对讲、小视频等常见消息形式。支持 Word、Excel、PDF 文件、Jpg、Png 等不同文档形式上传和发布等。提供消息回复、转发、合并转发、复制、标记、删除、撤回、分享、收藏等操作,提供定制化接口开发,提供消息会话置顶及免打扰功能。

1) 用户管理

平台对不同权限用户进行管理,对于个人用户可实现消息发送、邮件发送、意见反馈等功能;对于校方事务人员可实现消息发送、邮件发送、活动通知、信息发布、考核结果公示等功能。

将多个相似角色形成一个角色组,多个相似用户形成一个用户组。系统在开通之初,生成一个拥有最大权限的超级管理员,其他用户由该管理员创建。一般情况下,日常操作均由具有权限的管理员来完成。

2) 发布管理

实现信息发布、活动通知、考核结果公示并进行存档处理。系统针对不同属性的消息，有特定的模板。例如"活动通知"应包含标题、组织部门、正文、时间等内容，正文可进行编辑，支持 Word、Excel、PDF 文件、Jpg、Png 等不同文档形式上传和发布，还支持文档置顶、存档等。

3）消息管理

发送消息：系统登录人可以通过发送消息，与系统内人员进行实时的通信。通过选取系统中的人员，输入信息主题和内容，即可发送消息。

接收消息：当有新消息到来时，系统右下角将自动弹出提示框，提示用户有未读的短信息。用户可以通过点击提示框或直接点击"我的短消息"，进行信息查看。

消息管理：管理用户发送的所有消息。可以查看每条消息的发送状态、接收人、发送时间、主题、内容等详细信息。可以删除已发送的消息，对接收人消息列表中的该条消息没有任何影响。

通讯录管理：对联系人/各院部进行管理，可建立不同分组，并可选择发送群组对象。

4）文档管理

文档管理是指对于通信平台中的邮件以及附件进行统一管理，方便高校师生查看来往邮件与文档，存档信息为师生提交材料和公共活动记录提供帮助。

5. 统一电子签章

1）印章制作流程

印章制作流程如图 6.9 所示。

图 6.9 印章制作流程图

印章的制作采用标准的提交→审核→制作→授权管理四步走模式，保证印章的出处可查，杜绝私自制作电子印章行为。

2) 签章流程

(1) 用户插上 USB Key 登录平台，进入签章环节。

(2) 签章时候，签章客户端登录印章服务器要求加盖印章。

(3) 印章服务器会自动通过 CA 数字证书平台校验当前用户的证书有效性。

(4) 证书校验通过后，印章服务器平台会校验印章的有效性，印章有效性校验通过后会通知客户端完成签章，签章流程如图 6.10 所示。

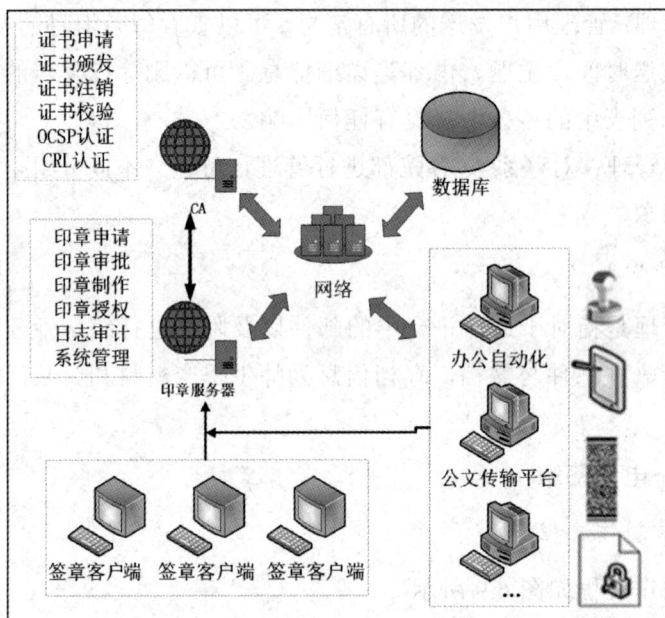

图 6.10　签章流程图

3) 印章管理

印章管理系统又称印章服务器，包括印模管理、印章管理、日志管理、用户证书管理、系统管理等功能。印章服务器采用先进的支持跨平台的 B/S 技术架构。数据库支持目前所有常用的关系型数据库，如 Oracle、MSSQL、MYSQL。

印章管理系统具体包括如下内容：

(1) 印模管理。印模申请：提交印章图片，申请印章制作，同时印模进入印模库；印模审批：如印模审批通过，则进入印章制作流程；印模管理：印模图片的删除、编辑和修改。

(2) 印章管理。印章制作：通过申请的印模，进入印章制作，印章制作后进入印章库；印章管理：印章的停用、启用、删除；印章权限设置：印章权限设置，允许印章授权给用户、角色、部门使用，非授权用户无法使用印章。

(3) 日志管理。详细记录印章的添加、删除等日志信息。日志信息包括：操作人、操作人的 IP、操作人的 MAC、操作时间、操作结果等。

(4) 用户证书管理：负责用户证书的设置匹配。

(5) 系统管理：系统的初始化配置设置。

4) 签章客户端

签章客户端采用 ActiveX 组件技术，支持免安装(包括阅读器、盖章组件、版式文件转化器等)，支持自动更新。支持从服务器直接打开待盖章和浏览文档，以确保文档不流出系统。签章客户端采用电子签名技术在电子文档上实现电子印章、骑缝章、手写签批和防伪打印等。

5) API 文档及表单签章

(1) 提供版式签章系统，可快速且高质量地转化各种文档格式，如 Office、WPS、PDF、AutoCAD、BMP、JPG、TIFF、HTML、XML 等各种文档、图片和网页格式，转化质量和速度能够保证多场景高效使用，添加独有的证书加密机制，保障多级安全控制。可支持在任意格式上签章，包括各种文档及网页，其提供近 200 个开发接口，并提供基于证书的文档安全控制功能。

(2) 实现动态电子表单功能，可以设计各种表单模板，可以将电子表单客户端控件嵌入到 JAVA 应用系统中，动态关联后台数据库，实现前台与后台数据的互动，实现表单数据的动态采集和重组。作为电子表单可实现表单的精确打印，同时便于存档。

6. 统一业务流程

"一网通办"平台是业务服务的关键,流程设计可以直接简化实际业务流程,也可以优化多项交叉的业务流程。平台利用工作流引擎技术进行,对流程进行订制和维护,实现业务流程的快速生成、优化、管理和维护,提升系统的灵活性与敏捷性。这种流程制定、再造的处理方式,彻底解决了业务办理中牵扯的职能部门事项繁杂、流程多变、设置困难的问题。

1) 流程设计工具

Web 流程设计器支持多种浏览器,向行业标准靠拢支持 BMPN 2.0 标准模型。设计器支持拖拽且支持直接在页面点击节点元素修改添加属性,设计出的 BMPN 文件同样支持其他符合标准的工作流系统。引入 Activiti 进行工作流引擎的搭建,Activiti 提供了两个流程设计工具,但是面向对象不同。Activiti Modeler 面向业务人员,使用开源的 BPMN 设计工具 Signavio,使用 BPMN 描述业务流程图。Eclipse Designer 面向开发人员,Eclipse 的插件,可以让开发人员定制每个节点的属性(ID、Name、Listener、Attr 等)。

(1) Repository Service:Activiti 中每一个不同版本的业务流程的定义都需要使用一些定义文件、部署文件和支持数据 (例如 BPMN2.0 XML 文件、表单定义文件、流程定义图像文件等),这些文件都存储在 Activiti 内建的 Repository 中。Repository Service 提供了对 Repository 的存取服务。

(2) Runtime Service:在 Activiti 中,每当一个流程定义被启动一次之后,都会生成一个相应的流程对象实例。Runtime Service 提供了启动流程、查询流程实例、设置获取流程实例变量等功能。此外它还提供了对流程部署、流程定义和流程实例的存取服务。

(3) Task Service:在 Activiti 中业务流程定义的每一个执行节点被称为一个 Task,对流程中的数据存取、状态变更等操作均需要在 Task 中完成。Task Service 提供了对用户 Task 和 Form 相关的操作,它提供了运行时任务查询、领取、完成、删除以及变量设置等功能。

(4) Identity Service:Activiti 中内置了用户以及组管理的功能,必须使用这些用户和组的信息才能获取到相应的 Task。Identity Service 提供了对 Activiti 系统中的用户和组的管理功能。

(5) Management Service：Management Service 提供了对 Activiti 流程引擎的管理和维护功能，这些功能不在工作流驱动的应用程序中使用，主要用于 Activiti 系统的日常维护。

(6) History Service：History Service 用于获取正在运行或已经完成的流程实例的信息，与 Runtime Service 中获取的流程信息不同，历史信息包含已经持久化存储的永久信息，并已经被针对查询优化。

(7) Form Service：Activiti 中的流程和状态 Task 均可以关联业务相关的数据。通过使用 Form Service 可以存取启动和完成任务所需的表单数据并且根据需要来渲染表单。

2) 流程设计步骤

(1) 流程导入：支持所有符合标准的 BPMN 定义文件，可以 XML 文本导入也可以是 zip、bar 等压缩格式批量导入流程。

(2) 流程导出：导出流程的 xml 定义，符合 BPMN 标准，可以支持导入其他符合标准的系统，并且含有增强的 Activiti 个性支持，如果其他系统同样适用 Activiti 工作流组件同样可以使用 Activiti 的特性。

(3) 开始事件：可以采用定时或者周期、信号或者消息等方式自动开始流程运行。

(4) 人工任务：支持指定表达式或者具体人员角色来执行的任务。

(5) 邮件任务：可以由系统自动发送邮件通知，无需人员参与。

(6) 服务任务：可以执行自动化的任务，无需人员参与。

(7) 流程分支：拥有多种网关，可以灵活地进行分支选择。

(8) 多实例任务：支持多实例任务，多个部门会签同一个任务，并且可以提前通过设定条件结束会签，同时多实例还支持同步处理方式和异步处理方式。

(9) 任务委托：具备任务委托能力，可以将任务临时委托到其他人员。

(10) 指派机制：动态选择多个候选人、候选部门或者角色，并且每一个节点都可以选择，使得流程可以跨多个部门执行。

3) 流程模型管理

对设计好的业务流程进行模型管理，建立不同业务事项的流程模型，比如审批类流程、发布类流程管理等，通过模型建立完成流程的自定义管理，使流程管理更加适用。模型管理包括所建工作流模型的导出、发布、修改、删除等操作。

4) 流程定制管理

自定义流程中可以对流程的环节以及功能进行设定，也可以将环节的节点操作权限具体到一个角色和一个人。可以在流程流转的过程中将责任划分到人或者角色上，可以加大对办公操作流程的督查，确保办公的准确和严格律己的作用。

每个流程都必须有开始事件和结束事件，所以系统在新建流程时，自动添加开始和结束两个节点。要增加其他审批步骤时，只需右击，选择"添加新节点"，输入节点名称即可。对每个节点，用户还可以通过定义节点的基本属性，对节点的显示形状和位置进行自定义，并可以通过鼠标拖拽随意摆放节点的位置。

(1) 开始事件：包括开始事件、定时开始事件、信号开始事件、消息开始事件和错误开始事件。开始事件表示这个节点是流程的开始节点，说明事项开始。

(2) 任务：包括用户任务、服务任务、脚本任务、业务规则任务、接受任务、人工任务、邮件任务和 Mule 任务。任务表示流程中所建的任务，说明事项任务属性。

(3) 结构：包括子流程、事件子流程和调用活动。结构表示流程的结构属性，子流程表示该事项中还包括另外一个事项的办理流程。

(4) 网关：包括独家网关、并行网关、包容网关和事件网关。

(5) 边界事件：包括边界错误事件、边界定时事件、边界信号事件和边界消息事件。

(6) 中间捕捉事件：包括中间定时器捕获事件、中间信号捕捉事件和中间消息捕捉事件。

(7) 中间抛出事件：包括中间无抛出事件和中间信号投掷事件。

(8) 结束事件：包括结束事件、错误结束事件。

7．统一数据交换

(1) 对接数据交换平台，提取"一网通办"项目中所需的数据，并实现对提取数据的管理。

(2) 对高校各类数据进行共享应用,深度融入高校各类业务实现事项服务的在线办理,整合业务与数据融合提供场景服务,对数据进行深度挖掘分析。

(3) 在统一的数据管理中心中，平台支持无需代码开发就能够对服务流程所形成的业务数据提供增、删、改、组合查询等标准数据管理功能，为相关业务管理人员提供基本的信息管理能力。

(4) 提供可配置的数据看板，支持自动生成饼状图、折线图、柱状图或漏斗图等。

(5) 数据管理中心能够提供数据管理功能的标准开发框架，框架支持开发人员对数据的查询、展现、管理、统计功能进行个性化的定制开发，以满足业务管理人员的深度数据管理需求。

(6) 数据管理中心，能够基于流程平台提供数据采集流程、数据交换流程、数据查询流程的开发和管理，结合上述各项功能提供从业务流程到数据管理的完整闭环。

8．平台接口标准

制定平台接口标准，需要集成的平台会随着高校的发展出现变更或增加，平台建设方需要配合高校进行系统对接，提供接口、二次开发包与技术支持。集成接口规范如表 6.1 所示。

表 6.1 集成接口规范表

接 口 类 别	结 构 标 准
WebService 接口	JAX-RPC 1.1；SOAP1.1；SOAP with Attachments；WSDL1.1；UDDI2.0；RESTful
消息中间件接口	JMS1.1；跨平台、跨多种网络协议；支持数据的同步、异步处理
FTP 协议接口	文件传输；跨平台、跨文件系统
中间数据库交换接口	JDBC3.0；SQL92；ODBC 3.0

6.1.3 校园服务"十统一"

"一网通办"服务门户基于"后中台"建设打造高校信息化建设总入口与总出口，提供给用户集约式的网上服务，建设集业务办理、数据展示、交互咨询、监察监管为一体的门户服务平台。通过为高校建设统一站点、统一事项、统一搜索、统一办事、统一资讯、统一消息、统一客服、统一数据、统一空间、统一监管的"十统一"服务，实现"一网受理、零次跑路、一次办成""数据共享、流程再造、业务协同"，从"师生跑腿"到"数据跑路"，从"找各部门"到"只找学校"，将分散、异构的应用和信息资源进行聚合，通过统一的访问入口，实现各种应用系统的无缝接入和集成，提供一个支持信息访问、传递以及协作的集成化环境，全面整合高校各院系、部处的基本信息与资源信息，为广大教职工、学生、管理者、校友、服务组织等提供信息服务内容。并根据每个用户的角色不同，为特定用户提供量身定做的访问关键业务信息的安全通道和个性化应用界面，使师生员工可以浏览到相互关联的数据，进行相关的事务处理。"十统一"服务具体内容如下所示。

1. 统一站点

将校园内各个业务系统及各类服务进行汇集，提供集业务办理、数据展示、交互咨询、效能监督为一体的一站式服务平台。统一站点示例如图6.11所示。

2. 统一事项

建立统一事项管理机制，梳理全校服务事项清单，如图 6.12 所示。对高校各职能单位履行的职责、岗位、权限及职权运行流程逐项逐条进行全面梳理，细化量化。通过梳理，逐步实现以下目标：管理机构设置清、承办岗位职责清、办理事项数量清、申办主体类别清、事项办理条件清、业务流程环节清、事项办理时限清、单位协调关系清、监督考核规则清、保密信息密级清、现有信息系统清，从而实现对校园服务事项的科学管理。

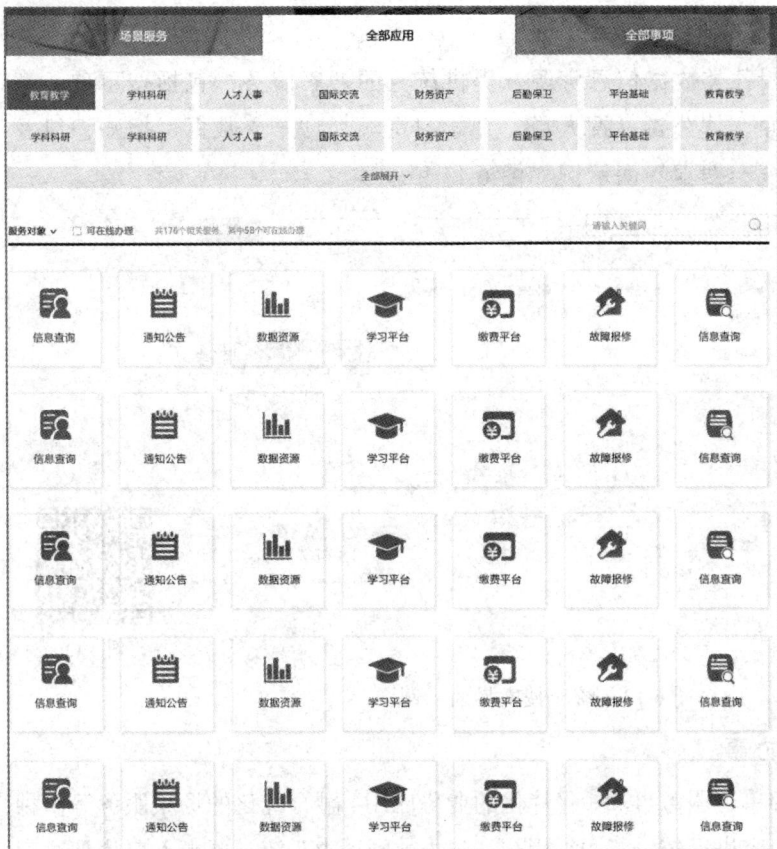

图 6.11 统一站点示例图

图 6.12 全校服务事项清单示例图

3. 统一搜索

整合校园各类数据信息资源，提供统一的搜索服务，包括搜事项、搜应用、搜新闻、搜公告、搜人员、搜学习资源、搜个人数据、搜知识以及搜消息等。统一搜索界面示例如图 6.13 所示。

图 6.13

图 6.13　统一搜索界面示例图

4. 统一办事

将普通的单一服务事项、碎片化的业务应用、融合优化的场景服务等多种模式的服务内容进行统一汇总，用户通过"一网通办"统一办事入口找到对应服务并可以随时发起网上办理。统一办事场景服务界面示例如图 6.14 所示。

图 6.14

图 6.14　统一办事场景服务界面示例图

5. 统一资讯

资讯内容分为新闻与通知公告模块，统一资讯是将校园内所有网站的资讯类信息通过爬虫技术进行抓取与汇集，为师生用户提供统一的新闻浏览模块，对通知公告进行封装分类，确保师生清晰地掌握全校各类业务的即时通知或公告信息。统一资讯界面示例如图 6.15 所示。

图 6.15

图 6.15　统一资讯界面示例图

6. 统一消息

统一消息作为"碎片化"集约管理的一个底层基础配置组成，分为汇集消息和下发消息。汇集消息即将全校各类业务系统、邮件、短信等各渠道的信息进行汇集，为师生用户提供一个完整的消息查阅场景；下发消息即通过底层组织架构管理，对消息的类型进行二次封装，根据不同用户需求进行精准化推送消息，避免重复消息，更提升消息的可读性。统一消息界面示例如图 6.16 所示。

7. 统一客服

打造校园完整的统一智能客服体系，在校园的生活、学习、工作中有任何咨询等需要与学校交互的需求，即可到统一智能总客服进行反馈沟通。统一客服包含统一服务电话、在线客服、投诉建议管理、任务督办、客服知识库等功能。统一智能总客服界面示例如图 6.17 所示。

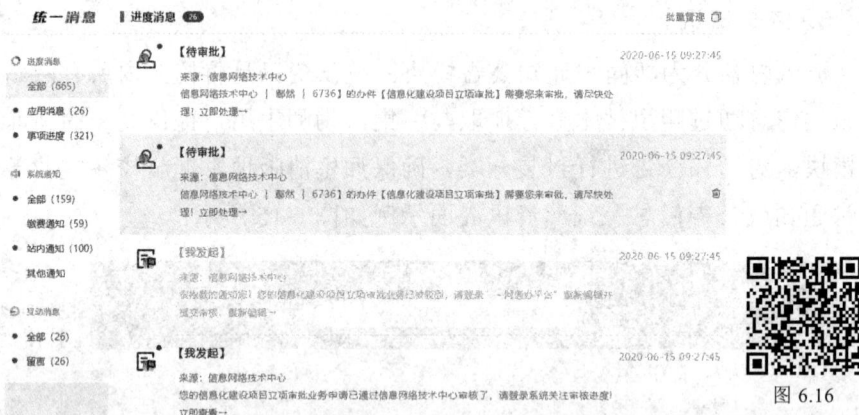

图 6.16

图 6.16　统一消息界面示例图

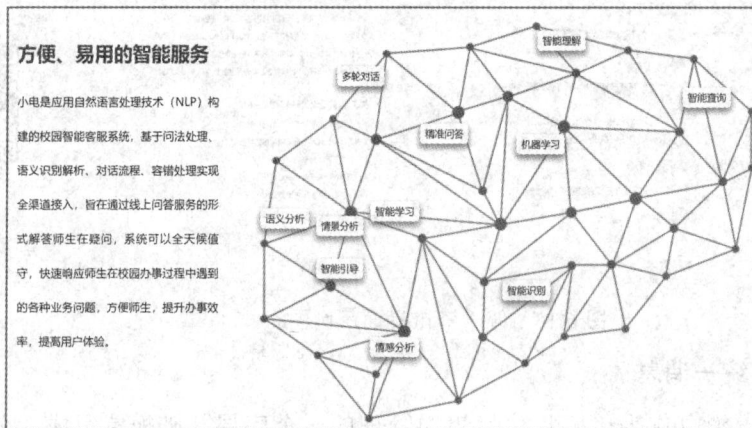

(a)

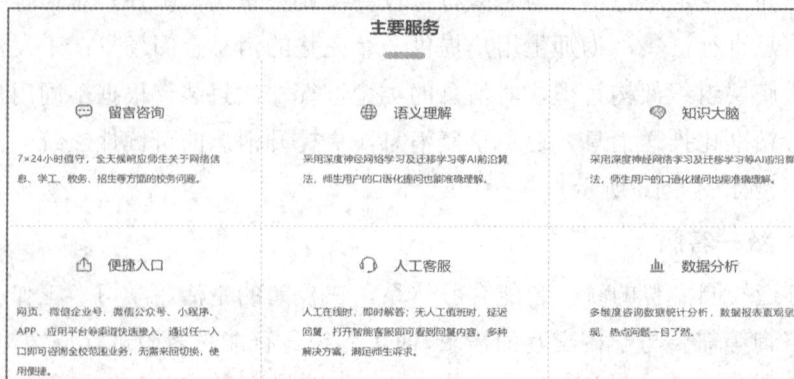

(b)

(c)

图 6.17　统一智能总客服界面示例图

8. 统一数据

对学校各类数据进行数据治理，为平台的基础应用提供数据支撑，同时将业务与数据融合提供场景服务，对数据进行深度挖掘分析。建立统一数据管理中心，能够基于流程平台提供数据采集流程、数据交换流程、数据查询流程的开发和管理。统一数据管理界面示例如图 6.18 所示。

图 6.18　统一数据管理界面示例图

9. 统一空间

通过对师生网上服务轨迹的大量行为进行数据汇集，根据权限分配，为每一位用户提供一套完整的全周期服务空间，融合身份特征、教学科研、个人喜好、社交属性以及学习轨迹等，联通服务与数据，形成师生全周期空间服务，并对用户角色形成画像展示，进行个性化的内容推荐、应用推荐以及资源推荐等。统一空间界面示例如图 6.19 所示。

图 6.19 统一空间界面示例图

10. 统一监管

建立一套完整的网上服务监管体系,包括业务办理监管、数据调用监管、客户服务监管、服务效能监管、监管数据统计以及监管信息公示等,保证整个服务门户的日常运行和服务质量。效能监管界面示例如图 6.20 所示。

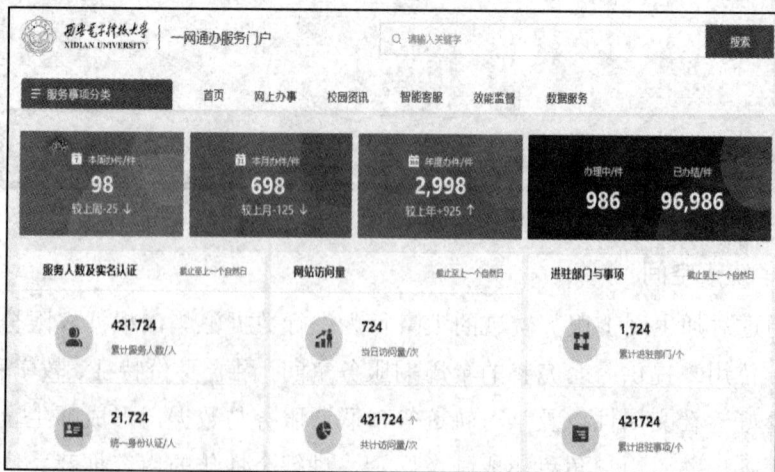

(a)

(b)

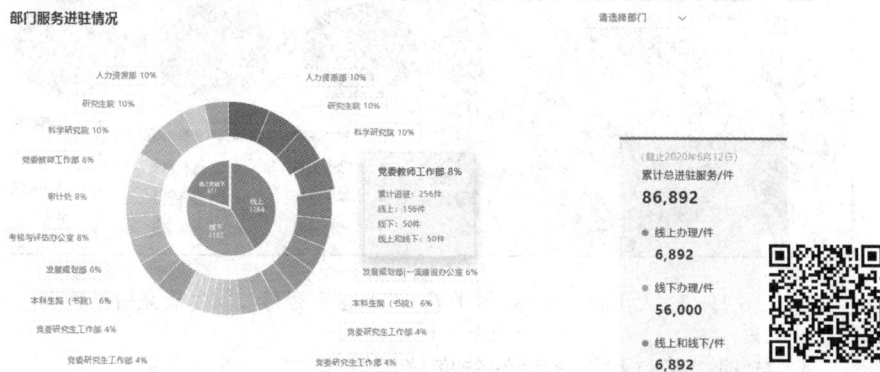

(c)

图 6.20

图 6.20 效能监管界面示例图

6.2 "一网通办"建设效果

6.2.1 建立以用户为中心的共享智慧校园生态

"一网通办"构建了高校服务总门户统一出入口，建设以教师、学生、家长、访客、校友等不同类型用户为主的综合服务平台，通过梳理汇总画像展示、学习互动、上网消费等校内服务及学习资源、就业社保、医疗、媒体等外部第三方应用，深度对接服务数据，为用户提供多维度、大空间的场景式服务，主要内容包括学习、社交、管理以及科研等。"大平台"有效实现了应用、服务、数据和即时通信的有效整合，使得校园各类服务能够在线集中办理。此外，服务平台建设不仅以数字化校园为基础，同时以各业务系统为支撑，为校园信息化服务建立标准化的服务流程，促使服务流程更加具体化、透明化，进而提升各类事务的办事效率。"大平台"+"微服务"+"生态"的模式逐步构建形成了数据融合、共享生态的智慧校园系统。"大平台"+"微服务"+"生态"的智慧校园生态系统结构如图6.21所示。

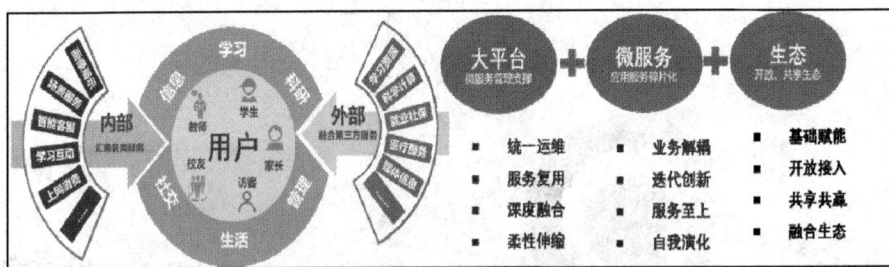

图 6.21 "大平台"+"微服务"+"生态"智慧校园生态系统结构图

1. 实现"不打烊"多端智能便捷服务

"一网通办"服务门户包含 PC 服务门户、移动端服务门户、线下大厅和热线电话等，构建起全覆盖、全天候、多通道、"十统一"的服务生态体系。所谓"十统一"即用户在服务门户中通过统一的平台，进行统一认证身份，通过电子智能填报系统办理统一事项，并由统一的智能客服辅助人工客服全程导引，根据用户咨询问题回复标准统一的消息；在服务过程中，平台统一审核，统一监管，对于用户的特征开展用户画像，输出模板统一的事项结果，并面向同类用户推送统一信息资源。"一网通办"多类型终端示例如图6.22所示。

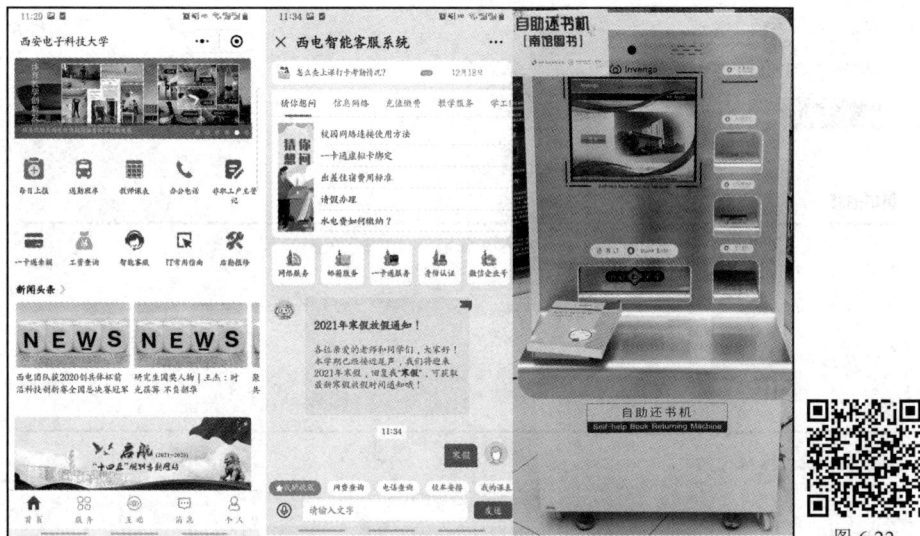

图 6.22

图 6.22　"一网通办"多类型终端示例图

2. 实现"透明化"事项全流程追踪

"一网通办"服务门户以各业务系统为支撑，为校园信息化服务建立标准化的服务流程，办理各种事项所需的材料，使得业务流程一目了然。师生在平台发起事项后可随时追踪事项的进展情况，进行催办或者反馈，业务部门也可通过平台与用户交流互动，对事项进展进行补充修正，促使服务流程更加具体化、透明化，进而提升各类事务的办事效率。学校教职工离校手续示例如图 6.23 所示。

3. 实现"集成化"多事项一站覆盖

"一网通办"构建了高校服务总门户统一出入口，深度对接服务数据，为用户提供多维度、大空间的场景式服务，包括学习、科研、财务、社交、管理等校内应用，同时还覆盖一卡通消费、学习资源、就业社保、医疗、媒体等第三方应用，构建起覆盖师生校园生活全周期的服务生态平台，避免师生在纷繁复杂的网络入口和应用平台之间迷茫无措，让信息化真正为师生减负赋能。"集成化"多事项一站覆盖示例如图 6.24 所示。

教职工离校手续

服务描述: 为西安电子科技大学教职工提供离校手续办理服务。

立即办理　　留言咨询　　我要评价　　☆ 收藏

基本信息

服务名称	教职工离校手续	服务部门	人事处
服务对象	教职工，外聘人员	服务时间	法定工作日 8:00-12:00 14:00-17:00
服务描述	为西安电子科技大学教职工提供离校手续办理服务。		

受理条件

下列人员可办理教职工离校手续:
西安电子科技大学教师工。

申请材料

✓ **申请材料目录**

材料名称	材料说明		示例样表	空白表格
-	-		-	-

办理流程

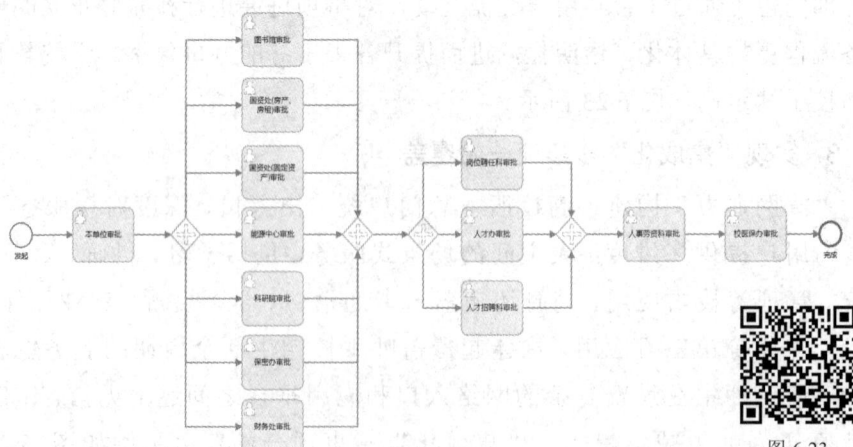

图 6.23

图 6.23　教职工离校手续示例图

(a)

(b)

图 6.24　"集成化"多事项一站覆盖示例图

4. 实现"碎片化"应用服务体系

随着云计算、移动互联网、大数据等为核心的"互联网+"时代的到来，时间碎片化正在影响着高校的管理决策和教育教学方式，"一网、一次、多端"的服务形态顺应了时代发展的浪潮，通过业务解耦和迭代创新手段，对高校的信息资源进行合理的解耦并对接到学校的微信企业号、官方网站、校园 APP 等端口，使得用户可以随时随地利用碎片化的时间访问和利用信息资源，化零为整地提高个人的工作效率和学习效果。

5. 实现"开放化"共享生态体系

"一网通办"门户基于面向服务的体系结构(SOA)的资源整合策略，借助标准的中间件，在不改变高校目前各种应用底层架构的基础上，将高校原有的应用系统和资源转变为可共享的标准服务，保留了原有信息系统的资产，将各业务系统数据库整合为可共享的数据中心数据库，保证各个数据交流畅通，实现各个子系统的高速、高效互联，达到信息共享和数据交换的目的，构建了各部门之间的相互合作，信息互惠互享的"开放化"共享生态体系，如图 6.25 所示。

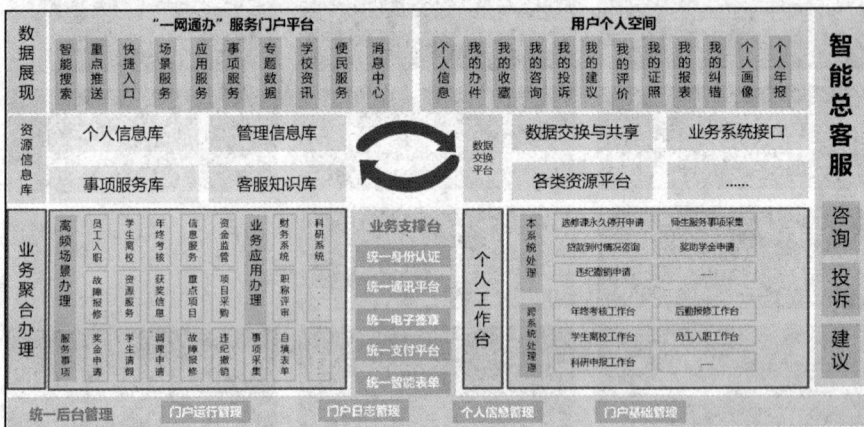

图 6.25 "开放化"共享生态体系图

6.2.2 打通服务壁垒，形成千人千面服务模式

"一网通办"通过对数据、服务、业务的融合，根据高校领导、专任教师、行政人员、学生等每个用户在系统中的用户行为数据，包括身份特征、个人喜好、社交属性、工作轨迹、研究兴趣以及学习轨迹等，设计了具有时效性的描述用户的非结构化标签集合，各个标签反映不同用户的兴趣和需求，构建了细粒度用户画像；结合员工入职、学生离校、年终考核、信息服务等场景，系统为每个用户进行个性化的应用推荐、内容推荐、资源推荐等，做到"推我所想，推我所爱"的"千人千面"信息服务。细粒度用户画像示例如图 6.26 所示。

	行政管理人员/专项事务负责人	
科研	全院项目一览	
	论文、专著、专利、软著	按时间段划分（项目名称、项目负责人、项目来源等）
	科研获奖	
	自录信息审核（按权限）	
本科教学	全院课表（排课情况）	
	全院教学质量	
	全院教材统计（调用+自录）	
	本科生获奖、就业	
研究生教学	研究生信息（年份、导师）	
	研究生课程展示（当前学年春季课程、导师等）	
	研究生获奖、就业	
人事	教师基本信息（可导出）	
	人才引进、人才称号情况	
	考核结果	
	考核方案（考核指标）	
	职称评审（过去几年职称评审结果、评审专家、委员会、职称申报情况）	
	离职信息	
对外交流（分为教学交流、学术交流）	学院举办会议	
	学院教师出外参与会议	
	学院教师国内外进修培训	
	邀请/被邀请学术交流	
	自录信息审核	
公共服务	学校	
	学院	
	社会	
	自录信息审核	

画像

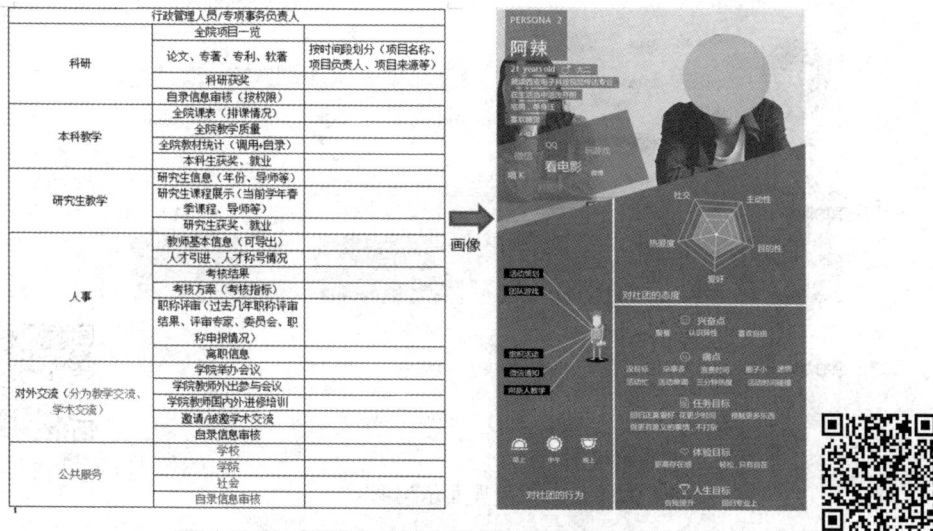

图 6.26 细粒度用户画像示例图

图 6.26

1. 个人空间

个人空间为用户提供专属空间服务功能，服务对象注册登录后可以自由维护其空间信息。其可登录到对应的空间查看与"我"相关的所有信息的聚合，包括数据中心、任务中心以及消息中心等。用户可登录到个人空间，个人空间中记录其在网上服务大厅的所有操作痕迹，个人空间有主页和菜单导航，通过菜单可自由维护个人信息，可从绑定手机、绑定邮箱、密码强度、密保问题等维度为申请人展示账号安全度。用户可查询历史办件记录，对提交的历史材料进行调阅下载管理，对评价记录进行管理，订阅感兴趣的相关服务信息，也可以直接查询服务事项并进行预约和申报操作。个人空间界面示例如图 6.27 所示。

2. 个人档案

个人档案是平台将"一网通办"平台中信息资源库的个人信息库、事项服务库、客服知识库、运行管理库与个人相关的个人基本信息数据、个人发展信息数据、个人教学信息数据、个人教改信息数据、个人论文信息数据、个人获奖信息数据、个人办事数据、个人对外交流数据、个人公共服务数据、个人生活服务数据、个人问卷调查数据进行整合展示，方便用户随时调用和查询。个人档案界面示例如图 6.28 所示。

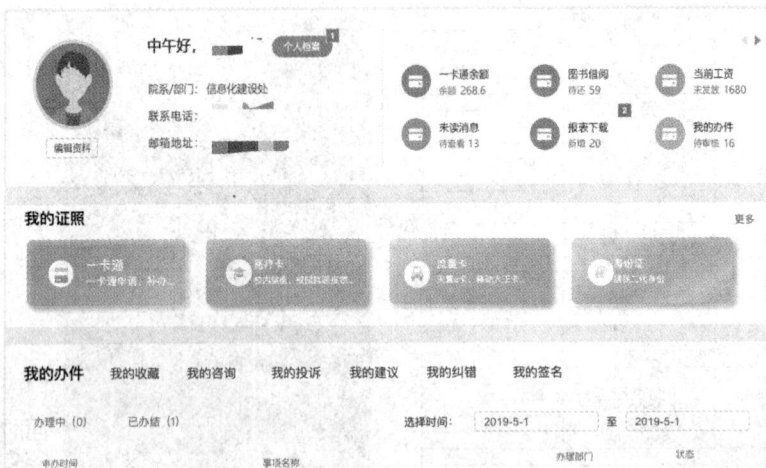

图 6.27

图 6.27　个人空间界面示例图

图 6.28

图 6.28　个人档案界面示例图

3. 个人年报

个人年报是"一网通办"平台为个人提供的基于平台画像分析的智能服务。年报功能会将用户全年各个维度的数据进行整合描述和简单分析，生成可供分享与下载打印的汇报模板。此外，对于不同的角色权限，可生成不同维度的年报信息，例如院长角色可获取本学院工作年报，为学院的工作年终汇报和下一年工作开展提供支撑。个人年报界面示例如图 6.29 所示。

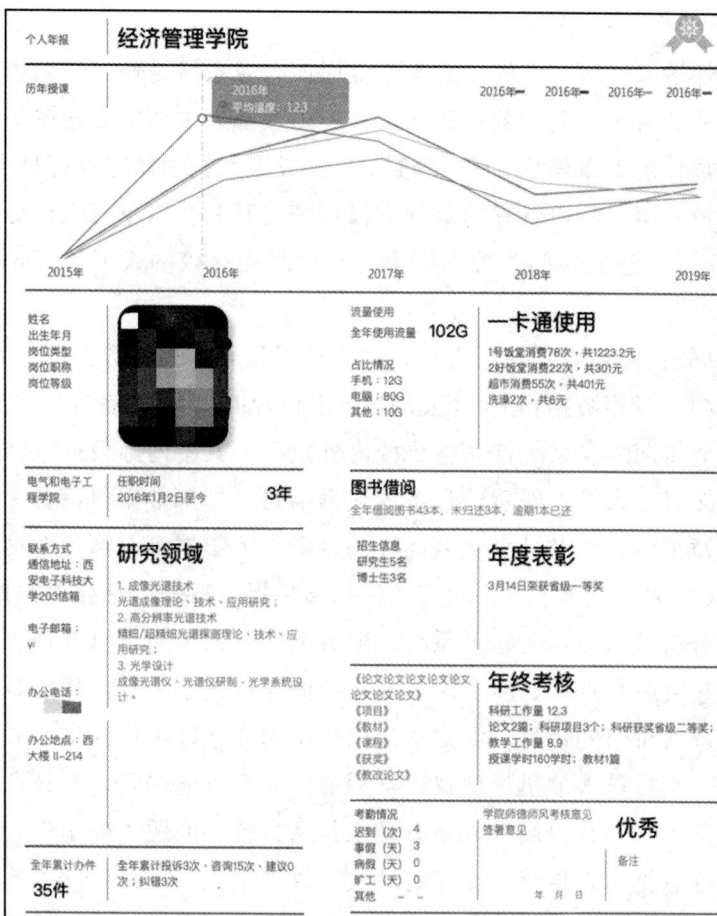

图 6.29　个人年报界面示例图

4. AI 全周期画像

AI 全周期画像的建立需要采集师生上网轨迹产生的大量行为数据，包括身份特征、个人喜好、社交属性、学习轨迹等，通过对这些数据进行处理，提取有用的数据进行分析，形成师生全周期信息分析。通过对师生的画像分析，得出师生的习惯喜好，继而可以为师生进行个性化的内容推荐、应用推荐以及资源推荐等；通过师生的日常兴趣订阅，自动发送消息通知，在师生需要某类校园资源的时候系统能够主动的向其推送相关服务内容，做到"推我所想，推我所爱"。

1) 教师全周期画像

为教师学术发展提供信息的教师全周期画像系统是通过打通校园管理层面不同业务系统之间的数据孤岛，实现以教师为主体的数据挖掘，对教师个体及群体的人事信息、科研项目、学科成果及教学状况进行精准刻画，服务于高校人事、科研管理的数据支撑系统。其具有以下三大优势：

(1) 全面：建立各门类数据桥梁，全盘掌握高校的人事、科研以及教学现状。

(2) 高效：打通数据流通渠道，实现信息聚合，提高数据汇总效率。

(3) 前瞻：挖掘数据相关性，发现数据潜在价值，为管理者提供决策依据。

教师全周期画像系统首先整合校内外数据，其中内部数据包括高校自身产生的项目、人员、经费、设备等数据信息；外部数据包括各大公开的科研成果数据库，以及各大知名高校的科研人才数据等。然后对这些数据进行清洗、转换以及重构，提取有效信息并将提取后的信息存入数据仓库；使用关联分析技术对科研管理系统、财务系统、人事系统以及基于互联网的大型科技文献数据库、专利库等数据资源进行关联分析，找出数据的相关性，提取有价值的信息。将提取的信息应用在教师工作评估、教师成长轨迹分析、高质量人才引进建议、学科前沿研究方向探索、科技评价方法完善等服务上，为解决高校人事管理工作两大核心问题"外引""内培"提供建设性意见，为传统的专家定性决策管理提供广泛的、深入的数据支持。"教师画像"的主要应用表现在以下几个方面：

(1) 工作轨迹评估。

传统的教师发展研究主要停留在经验层面，传统的教师信息系统只能看到单一的信息，而教师全周期画像系统是利用大数据刻画教师，基于教师基础信息数据(包括学习经历、海外经历、工作经历、岗位聘任经历、科研项目、学科成果等)，围绕教师职业素养、专业知识、专业能力、工作绩效等多方面构建教师成长轨迹，并分析影响教师的发展因素，从而制订个性化成长方案，如预测发表论文数量、能否入选人才计划和优秀青年教师等，寻求适合教师的个性化发展路线，引导教师可持续发展，实现教师个人与学校发展的"双赢"。

(2) 教师工作绩效自动评估。

教师工作绩效自动评估系统通过整合人事、科研、财务、教学等多门类数据信息，采用教师经费效益、经费使用情况、成果影响力、成果转化、同行意见等多维度的评价因素，并支持不同单位结合各单位的实际情况调整评价模型，全面呈现教师在科研和教学工作上的成绩，从而为教师的入职、晋升、聘任、培训和奖惩提供定量化决策依据，避免传统教师绩效评估受到的人为因素影响，使得评估结果更加客观、准确。

(3) 学术圈层研究。

搜集学术、社交网络等多门类广泛的数据，如搜索每个文章的合作者，构建合作者网络，挖掘隐藏其中的人才关系，实现以人才为中心的数据整合，构建各学科的学术圈层网络。利用该网络，一方面可以为校内教师寻找帮助自己提升的外部老师，另一方面可以挖掘有潜力的学术新星，帮助高校人事部门有针对性地获悉人才有效信息，成功猎取高质量人才。

(4) 科研热点分析。

科研工作不能闭门造车，及时掌握时下国内外的科研热点及难点，结合自身能力与学科特点进行有效的科研工作对于科研工作者至关重要。而在海量数据中分析当下学科研究的热点及前沿，单凭人力是很难做到的，需要借助于大数据分析技术。科研热点分析首先收集国内外论文数据库、专利申报及项目审批等科研热点数据信息，再对过滤后的海量数据利用大数据算法进行挖掘分析，最后有效预测科研热点，并结合高校学科建设现状与特点，分析各学科前沿研究方向，为科研工作者的科研工作提供有力的科研数据支撑，为其选定符合自身学科特点的科研发展方向提供有效建议，帮助其有效定位自身科研工作努力方向及深度。

2) 学生全周期画像

学生全周期画像是学校智慧化建设的重要组成部分。从实际的需求分析，学校以及学生个人在了解学生情况、监管学生动态、及时干预学生异常情况等方面的诸多痛点和需求与学生画像有着紧密的联系。对于学校而言，学校的管理人员只需要通过学生全周期画像系统就能够了解和监控学生各方面的信息，而不需要从多个系统了解信息。在学生异常情况监控工作上，管理人员能够及时做出某个学生的问题预警，做出更匹配学生实际情况的决策，准确地落实学生生活服务管理工作。对于学生个人而言，学生全周期画像系统能够帮助学生及时发现最近生活上的变化，对自己某些生活上的不良习惯做出改变。与此同时，学生也能够了解周围的全体学生学习和生活的情况，他们关注的话题有哪些，衡量自己的学习和消费处于何种水平。学生全周期画像示例如图 6.30 所示。

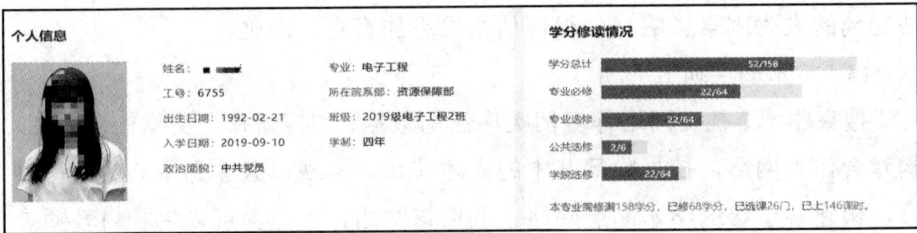

(a)

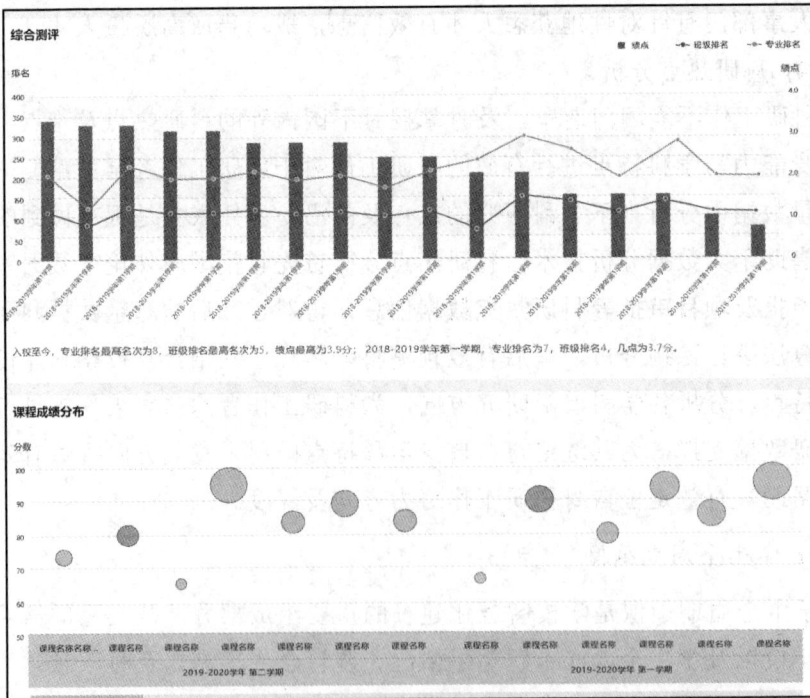

(b)

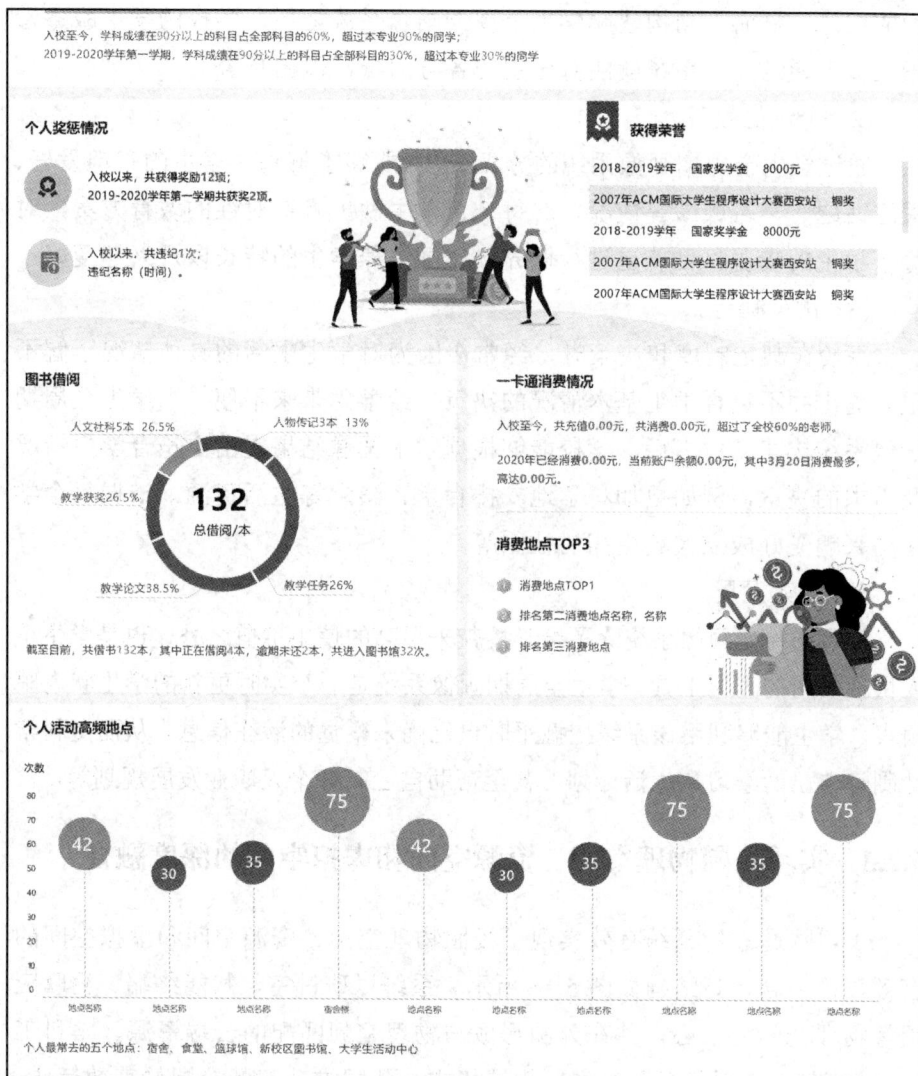

入校至今，学科成绩在90分以上的科目占全部科目的60%，超过本专业90%的同学；
2019-2020学年第一学期，学科成绩在90分以上的科目占全部科目的30%，超过本专业30%的同学

个人奖惩情况

入校以来，共获得奖励12项；
2019-2020学年第一学期共获奖2项。

入校以来，共违纪1次；
违纪名称（时间）。

🏅 **获得荣誉**

| 2018-2019学年　　国家奖学金　　8000元 |
| 2007年ACM国际大学生程序设计大赛西安站　　铜奖 |
| 2018-2019学年　　国家奖学金　　8000元 |
| 2007年ACM国际大学生程序设计大赛西安站　　铜奖 |
| 2007年ACM国际大学生程序设计大赛西安站　　铜奖 |

图书借阅

人文社科5本 26.5%　　　人物传记3本 13%

教学获奖26.5%

132
总借阅/本

教学论文38.5%　　　教学任务26%

截至目前，共借书132本，其中正在借阅4本，逾期未还2本，共进入图书馆32次。

一卡通消费情况

入校至今，共充值0.00元，共消费0.00元，超过了全校60%的老师。

2020年已经消费0.00元，当前账户余额0.00元，其中3月20日消费最多，高达0.00元。

消费地点TOP3

① 消费地点TOP1
② 排名第二消费地点名称，名称
③ 排名第三消费地点

个人活动高频地点

次数

42　　30　　35　　75　　42　　30　　35　　75　　35　　75

地点名称　地点名称　地点名称　宿舍楼　地点名称　地点名称　地点名称　地点名称　地点名称　地点老师

个人最常去的五个地点：宿舍、食堂、篮球馆、新校区图书馆、大学生活动中心

(c)

图 6.30　学生全周期画像示例图

学生全周期画像主要应用表现在以下几个方面：

（1）问题预警。

图 6.30

高校在信息化教育实践过程中已经开始利用学生画像进行学生的挂科预警和贫困生帮扶，但是目前实际使用的学生画像系统局限在学生某一方

面的信息。然而，当构建起学生全周期画像系统之后，学校的学生服务管理人员仅通过一个系统就能对学生的各方面异常做出预警。

(2) 个性化教育。

通过学生全周期画像系统的分析，老师能够了解每个学生的兴趣爱好、关注话题、学习成绩等情况，对每一位学生做出有针对性的教育方案，对每个学生的较弱科目着重进行培养，发掘培养学生的特长以及兴趣爱好。

(3) 决策制定。

高校在制定制度和决策时，经常会因为对学生生活的具体情况了解不足，提出并不符合学生基本情况的决策，给学生带来不便。当学生全周期画像系统构建完成之后，学校能够根据学生画像结果提出更符合学生情况及需求的决策，例如更加科学地安排食堂、澡堂等生活资源，依据每个学生的兴趣爱好成立人气更高的社团等。

(4) 个人发展。

学生全周期画像系统除了给学校带来很高的使用价值之外，也是学生个人快捷实用的查询工具。学生全周期画像系统是一个实时更新的学生状态晴雨表，学生能够利用该系统挖掘平时自己尚未察觉的潜在信息，从而更科学地制订自己的学习和生活计划，甚至帮助自己制订个人职业发展规划等。

6.2.3　实现校园物理空间、资源空间和虚拟空间的深度融合

"一网通办"系统有效实现了校园物理空间、资源空间和虚拟空间的有效深度融合，其结构如图 5.16 所示。系统以研讨室、智能终端、物联应用等物理空间为中心，并在外围形成与物理空间匹配的云端资源、学科工具、教/学/研资源等资源空间，相辅相成，共同推动智慧校园的高效运作。最外层虚拟空间依赖于物理空间和资源空间，由网络学习空间、虚拟社区、科研协作、个人画像、智能推荐等组成。

6.2.4　构建实时感知运行态势、支持决策的"校园大脑"

"一网通办"将构建成为"校园大脑"，通过个人画像为每个校园用

户提供"千人千面"的信息服务，通过对教学、科研、事项信息等校园大数据的分析和可视化展示，实时感知校园运行态势，为高校领导提供决策支持。"校园大脑"可以根据教师的科研、教学、职业素养等成长轨迹数据，分析影响教师的发展因素，从而制订个性化成长方案，如预测发表论文数量、能否入选人才计划等；搜集教师学术、社交网络等多种类数据，如搜索每个文章的合作者，构建合作者网络，挖掘隐藏其中的人才关系，实现以人才为中心的数据整合，构建各学科的学术圈层网络，方便校内教师寻找帮助自己提升的外部老师，同时挖掘有潜力的学术新星，帮助高校人事部门有针对性地获悉人才有效信息，成功猎取高质量人才。此外，也可以实现学生的问题预警、贫困帮扶、个性化教育等。"校园大脑"架构如图6.31所示。

图 6.31

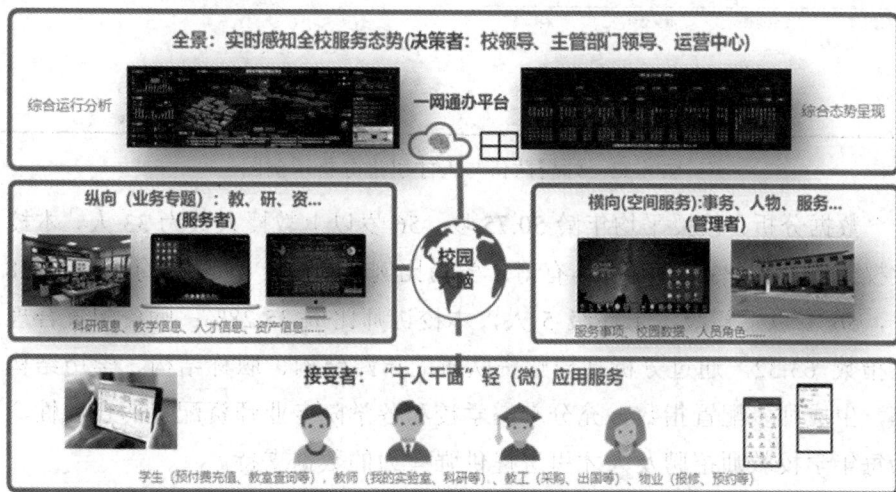

图 6.31 "校园大脑"架构图

1. 高校师资队伍分析与人才引进

基于高校学生及教职工信息、教学、科研、财务、资产、招生、就业、一卡通、网络、图书馆等各类数据的分析和不同层面的展示，建立完善的指标体系，通过大数据的多维模型构建及呈现方式建设，对校园数据进行深度研究与价值挖掘。以西安电子科技大学某时期为例，师资队伍与人才引进分析示例如图 6.32 所示。

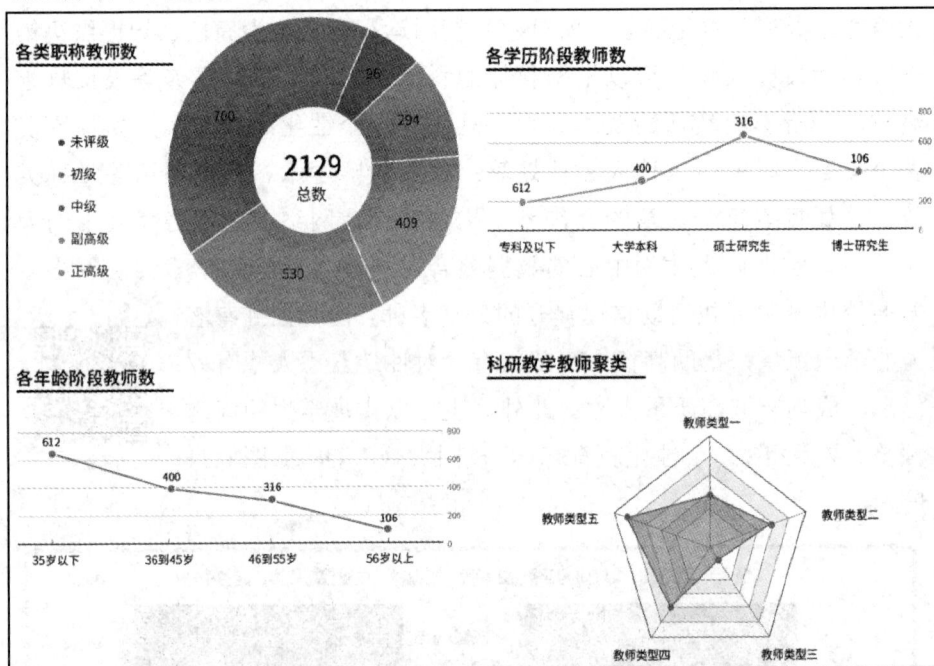

图 6.32　师资队伍与人才引进分析示例图

数据分析：教授平均年龄 50.75 岁，56 岁以上教授人数为 33 人，本校教授比例 50.28%，教授中具有博士学历比例 48.00%；讲师平均年龄 35.28 岁，56 岁以上初级、未评级 5 人，本校讲师比例 35.28%；师资配置合理性指数 63.32。通过分析高校师资队伍的年龄结构、职称结构、学历结构等，生成师资配置指数，充分掌握学校和各学院专业师资配置的合理性，为每年学校教师招聘及人才引进提供强有力的数据支持。

2. 高校财务资产分析

高校财务资产分析可以通过"一网通办"获取财务数据，建立数据模型，为每一个模型建立本模型的数据表，让每个模型有自己的"数据本"。以可视化的方式让用户感知数据资源，从而对数据资产进行挖掘，用于不同的数据服务应用。以西安电子科技大学某时期为例，高校账务资产分析示例如图 6.33 所示。

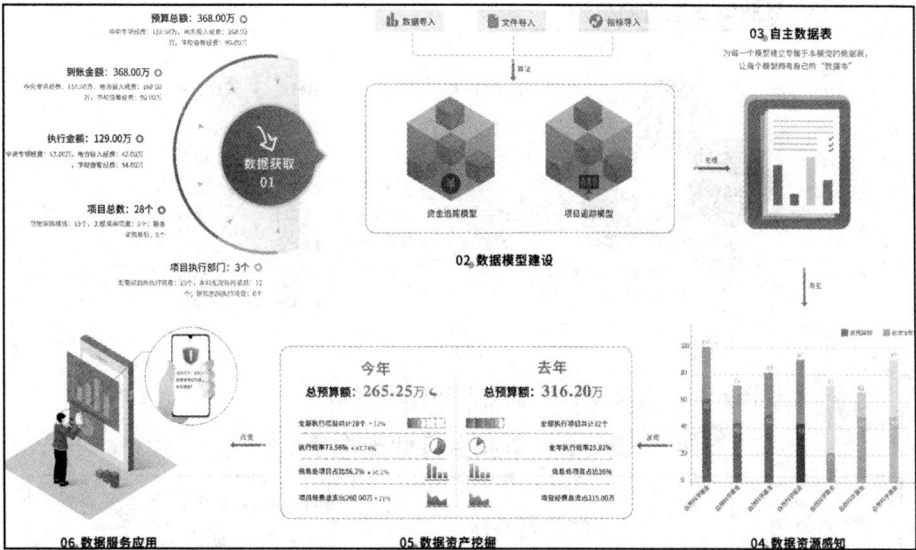

图 6.33　高校财务资产分析示例图

3. 招生就业分析

以西安电子科技大学 2018 年度招生就业信息为例,其生源结构中本省(陕西)生源占比 33%,省外河北、河南、山东生源较多,结合学校各省份入校生考研率、考博率及留校率分析,山东生源较为优质,引导学校在 2019 年招生时,增加山东招生人数,适当减少河北招生人数,合理配置学校招生比例。西安电子科技大学 2018 年度招生就业分析示例如图 6.34 所示。毕业生行业流向如表 6.2 所示。

毕业生就业方向

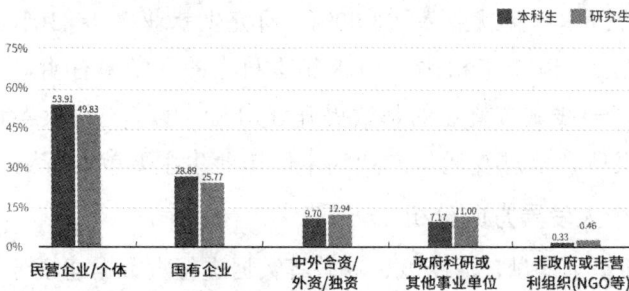

(a)

就业毕业生的地区流向

城市	人数	百分比	同比上年
北京	1865	30.25%	▲ 1.25%
上海	1525	25.25%	▲ 1.01%
深圳	1345	20.51%	▲ 0.96%
广东	1158	18.22%	▼ 0.31%
成都	865	14.20%	▲ 0.20%
西安	624	12.16%	▼ 0.54%
其他	498	11.56%	▲ 0.34%

(b)

图 6.34　西安电子科技大学 2018 年度招生就业分析图

表 6.2　毕业生行业流向表

学生类型	行业类名称	占本校同类毕业生的人数百分比/%
本科毕业生	电子电气设备及计算机制造业	32.79
	媒体、信息及通信产业	31.78
	金融(银行、保险、证券)业	5.28
	教育业	4.9
硕士毕业生	电子电气设备及计算机制造业	36.1
	媒体、信息及通信产业	34.1
	金融(银行、保险、证券)业	7.16
	教育业	5.59
博士毕业生	教育业	59.65

数据分析：本科生就业率 98.00%、研究生就业率 99.30%、博士生就业率 99.90%，与 2017 年相比，2018 年本科生的升学率有明显的提升，达到 52%；选择一线城市就业的基数提升 3.21%；电子电气仪器设备及计算机制造业和媒体、信息及通信产业为本硕毕业生主要就业行业。

4. 教师个人发展方向分析

通过教师基本信息、活跃度、评教等数据进行大数据建模分析，自动生成教师画像、优秀教师模型等，对教师进行分类督导，制订对应的培训和提升计划，最大化提升教师成长指数。做到准确了解每个教师的教学科研情况，以达到合理配置、合理利用、精准督导、奖惩有度，从而建立完善的教师发展培养体系。以西安电子科技大学为例，教师个人发展方向分析示例如图 6.35 所示。

图 6.35

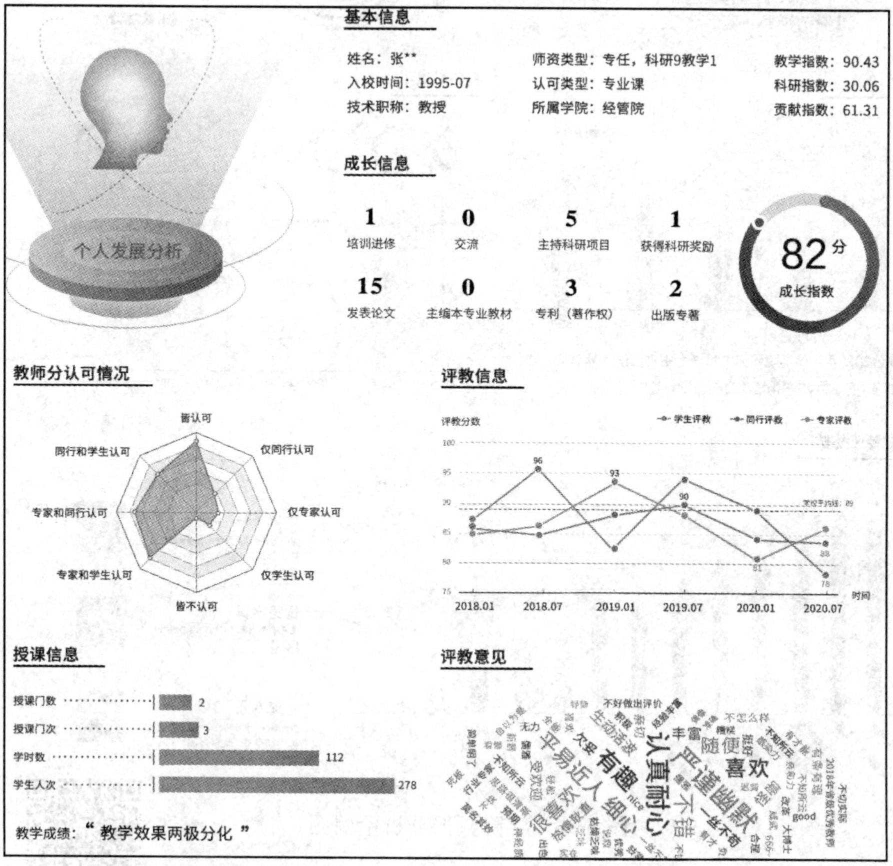

图 6.35　教师个人发展方向分析示例图

5. 学院数据分析

以西安电子科技大学某学院为例，分析出目前学院高端人才数量占比较低，学院师资队伍建设过程中应加强高端人才的引进与建设工作，努力实现新时代高校人才培养新作为。学院数据分析示例如图 6.36 所示。

师资队伍概览

教职工总数	128人	
专职教师数	112人	
高端人才数	4人	
外籍教师数	9人	
博士生导师	23人	
中国科学院院士	1人	

96人
(占比：75%)

32人
(占比：25%)

分职称教师

17	正高级教师数
28	副高级教师数
51	中级教师数
20	初级教师数
12	未评级教师数

人才培养

■本科生 ■研究生 ■博士生

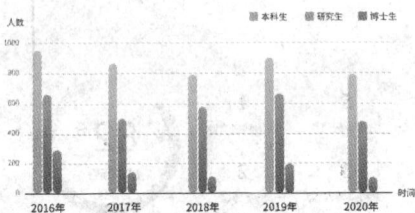

"截至2020年，该学院研究生和博士生占比呈下降趋势，需加强学院人才常态化培养及一流学科建设。

科研成果

20个	31个	28个	26个	21个	18个	12个
国际	国内	会议	学术专著	科研获奖	专利	知识产权转化

■国际 ■国内 ■会议 ■学术专著 ■科研获奖 ■专利 ■知识产权转化

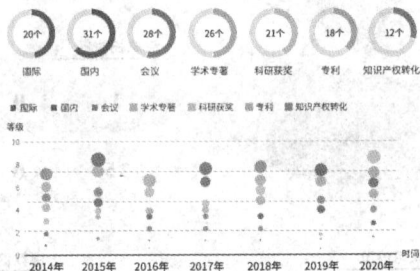

学院专业概览

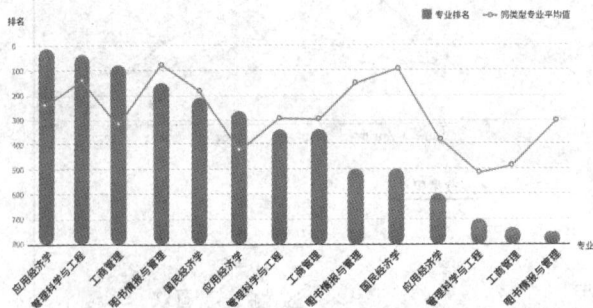

■专业排名 ─●─ 同类型专业平均值

一流学科　2个
围绕国家重大项目和地方重大研究问题建设的引领发展方向的学科
21.3%

优势学科　6个
教育部第四轮学科评估结果B+以上学科
16.0%

一流专业　3个
教育部以一流本科教育为基础实施"双万计划"建设的本科专业
16.2%

图 6.36　学院数据分析示例图

图 6.36

6.2.5　打造"大集成"云网一体基础环境

　　智慧校园"一网通办"建设中通过多方融合、产研合作、购买服务等方式，利用海量物联、传感网络、建筑信息模型，依托 5G 大容量低功耗、高速率低延迟的技术性能，构建起能感知和计算全面覆盖、全维感知、全网智能的物联感知校园环境，全方位、无死角地为校园安全、生活服务、交通出行等方方面面增效赋能，提升师生的生活体验，筑起校园安全的铜墙铁壁。"大集成"云网一体基础环境结构图如图 6.37 所示。

图 6.37 "大集成"云网一体基础环境结构图

6.2.6 建设"全联动"部门协同场景保障

高校内部作为一个功能闭环的社会生态系统,各个生产、生活部门相互牵制,时常牵一发而动全身。由于这些部门负责的事项过于琐碎繁杂,在危险隐患处理上有很大的滞后性,往往是在事故发生后才能处理,会对学校造成一定的生产生活损失。针对这一问题,智慧校园"一网通办"建立起部门协同服务中心(如图 6.38 所示),通过泛在的物联网设备打通融合水电暖通、安防消防、物联终端等教室、实验室和公寓等各类设备设施,各部门集中协同服务,实现大保障大安全"全联动"。

图 6.38

图 6.38 "全联动"部门协同服务中心示例图

"全联动"部门协同可使得管理员实时全方位掌握学校运行态势;可实时监控各部门的指标达成情况,提升校园运行效率;可使得管理员提前发现安全隐患问题，并快速解决，将事故影响最小化。发现问题：智能实时检测，精准发现定位问题；处理问题：派发工单，就近处理问题，将隐患消除在萌芽状态。

本 章 小 结

　　本章主要描述了"一网通办"的核心内容和建设效果，通过搭建具备"厚中台"功能的"以人为本、面向服务、信息互通、数据共享"的平台，形成"一网、一次、多端"的服务形态和"十统一"的服务模式，提供及时、准确、高效、随时随地的校园智慧化服务。

　　智慧校园"一网通办"平台的建设理念深入贯彻党的"十九大"提出的"统筹规划、分步实施；应用驱动，融合创新；服务导向，转型升级；开放协同，优化环境"的工作原则，面向高校综合改革和教育信息化 2.0 行动计划对信息化的重大需求，针对高校信息化建设中存在的服务窗口错综复杂、数据管理原始混乱等痛点，以推进智慧校园建设为目标，以推进信息化与教育发展全面深度融合为核心，以人才培养、科学研究、学校治理和公共服务为四轮驱动，依托高校信息化资源打造智慧校园"一网通办"平台，促进了高校的业务流程优化和体制机制改革，有力地推进了信息资源的深度开发利用和全面有效共享。

参 考 文 献

[1] 陈光海，汪应，杨雪平. 信息化教学理论、方法与途径[M]. 重庆：重庆大学出版社，2018.

[2] 杨现民，张昊，郭利明，等. 教育人工智能的发展难题与突破路径[J]. 现代远程教育研究，2018(3): 30-38.

[3] 赵天唯，甘霖，周丹，等. 管理信息系统教程[M]. 北京：清华大学出版社，2018.

[4] 赵望达. 智能建筑概论[M]. 北京：机械工业出版社，2016.

[5] 罗福强，李瑶，陈虹君. 大数据技术基础 基于 Hadoop 与 Spark[M]. 北京：人民邮电出版社，2017.

[6] 尚进，张玉振. 西安电子科技大学数据中心服务器虚拟化建设实践[J]. 中国教育信息化，2015(3): 57-59.

[7] 尹婷婷，龚思怡，曾宪玉. 基于用户画像技术的教育资源个性化推荐服务研究[J]. 数字图书馆论坛，2019(11): 29-35.

[8] 王仁武，张文慧. 学术用户画像的行为与兴趣标签构建与应用[J]. 现代情报，2019，39(9): 54-63.

[9] 强磊，勾善，林明，等. 互联网+智慧城市：核心技术及行业应用[M]. 北京：人民邮电出版社，2018.

[10] 张玉振，张娜，王亚凯，等. 基于 CiteSpace 的我国教育大数据可视化分析[J]. 西安电子科技大学学报(社会科学版)，2020(1): 78-88.

[11] 史甜，张玉振. 西安电子科技大学打造一体化智慧学习服务平台[J]. 中国教育网络，2019(8): 69-71.

[12] 史甜，张玉振. 西安电子科技大学统一通讯平台的设计与建设[J]. 科技创新导报，2018(4): 246-248.